日本の安全保障

——海洋安全保障と地域安全保障——

下平拓哉 [著]

成文堂

はしがき

　インド太平洋地域の安全保障は、日本にとっても、地域にとっても、そして国際社会にとっても大きな関心事である。米国は、政治、経済、社会に係る多くの問題点を抱えつつも、そのパワーは依然として揺るぎない。しかしながら、中国やロシアの台頭は著しく、その国際的影響力は看過できないものとなってきている。そして、北朝鮮の核・ミサイル開発、ISによる国際テロの拡大等、現在の安全保障環境は、未曾有の危機状況におかれている。

　四面を海に囲まれ、自由貿易を通じて繁栄を築いてきた日本にとって、「海洋安全保障」の視点は欠かせない。そして、今や一国のみで自国の平和と安全を担保できる時代ではすでになくなってきており、同盟国や友好国による「地域安全保障」の視点もまた欠かせない。つまり、どの国とともに、どのように地域の秩序を構築していくかということが現実の安全保障上、大きな問題となっているのである。

　日本を守り、将来にわたってこれまでと同様の平和と繁栄を享受していくためには、国際社会に向かって明確な理念を掲げ、それを実現できる能力を保持し、行動することによって、国としての信頼性を高めていくことが必要であるとともに、地域及び国際社会に対する責任を果たしていくことがより重要となってきている。

　日本は、戦後70年以上にわたって平和国家として道を進み続け、そして今、国際協調主義に基づく「積極的平和主義」を旗印に掲げている。「積極的平和主義」の下、今、そして近い将来を踏まえて日本に求められていることは、国の安全保障の一翼を担う防衛省・自衛隊による、より実際的な主張と行動である。それは、最大の同盟国・米国とともに、インド太平洋地域の「海洋安全保障」と「地域安全保障」を担保するための主張と行動であり、それがこれからの日本の進むべき道である。

　本書においては、インド太平洋地域の安全保障を考えていく上で不可欠な

次の5点を意識して、「海洋安全保障」と「地域安全保障」の視点から日本の安全保障について考えてみる。

第1に、米国である。冷戦後、イラク・アフガニスタン情勢の泥沼化やIS等の国際テロ活動の拡大活発化、ロシアによるクリミア半島併合といった厳しい国際情勢の先行きは全くもって不透明である。そのなかにあって、問題を抱えつつも依然として大きな影響力を有する米国のパワーは、国際社会及びインド太平洋地域の平和と安全を維持していく上で引き続き最重要なアクターであることは間違いない。政治、経済、外交、軍事といった側面から国際社会及びインド太平洋地域の安全保障を俯瞰すれば、過去、現在、そして近い将来にわたって、米国の軍事力は他を凌駕しており、とりわけ海軍力の影響力は絶大である。その米海軍は、これまで「協力戦略」を掲げ、関与を続けている。そして、厳しい安全保障環境を踏まえて、「エアシー・バトル構想」に代表されるような戦略を常に練り直し、新たな戦い方を模索しながら、備えていることに注目する必要がある。

第2に、中国である。インド太平洋地域の安全保障上、特に近年顕著となってきているのが、東シナ海や南シナ海の海空域における中国の軍事的活動の急速な拡大活発化である。そして、インド太平洋地域には、伝統的安全保障脅威と非伝統的安全保障脅威が織りなし、安全保障問題を解決することをより一層難しくしている。そこでは、インド太平洋地域における安全保障脅威の共通認識とともに、中国の戦略的意図と能力を分析することがますます重要となってきている。米海軍の知的中枢として1884年に設立された米海軍大学は、戦略、作戦、戦術といったあらゆるレベルの学術的研究・教育において他の追随を許しておらず、2007年には中国の海事問題すべてを扱う中国海事研究所を発足させ、関連知見を集中させつつ重点的な研究を進め、活発な議論を展開している。インド太平洋地域の複雑な安全保障問題を解決するためには、米国及び中国の戦略文書を丹念に読み解きながらその行動を冷厳に分析しつつ、米海軍大学の識者とのインタビュー等を通じた議論を重ねることが大きな第一歩となる。

第3に、地域。日本が位置するインド太平洋地域である。米国、中国とい

った安全保障アクターが影響力を及ぼすインド太平洋地域は、シーレーンという言葉を持ち出すまでもなく、日本にとって、そして米中にとっても死活的に重要な地域である。そこでは、2国間協力か多国間協力かといったテーマが引く続き重要であることに変わりはないものの、より実際的な行動が求められる時代となってきている。伝統的安全保障分野と非伝統的安全保障分野、国家主体と非国家主体、民軍関係といった視点における協力関係、役割の明確化、優先順序、具体的行動がより重要なキーワードとなってきている。

　第4に、日米同盟である。日本、インド太平洋地域、そして国際社会の安全保障を考える上で、日米同盟は死活的に重要であることに間違いない。しかしながら、時代、安全保障環境、科学技術の変化等に応じて、日米同盟も不断の見直しが不可欠であり、日本の役割が増し、期待は日増しに高まっている。今後、戦略、作戦、戦術といったあらゆるレベルから安全保障を捉え直し、より実効的な日米同盟へと深化させる必要がある。

　そして第5に、日本である。日本は、戦後70年以上にわたって平和国家の道を歩み続け、「積極的平和主義」の旗の下、最大の同盟国・米国とともに国際社会への貢献の道を進んできた。しかしながら、日本を取り巻く安全保障環境は一段と厳しさを増しているのが現実の姿であり、今後も弛まぬ安全保障努力が不可欠である。日本が日本の防衛のみならず、インド太平洋地域及び国際社会の安全保障において国際的役割を果たしていく上で重要なのが、日米同盟と多国間協力である。四面を海に囲まれた海洋国家日本にとって、「海洋安全保障」と「地域安全保障」の視点から、インド太平洋地域及び国際社会の安全保障を見る眼がますます重要となっている。

　一国のみではもはや国の安全保障を保つことは不可能である。日本の安全保障、つまり、「この国の守り方」とは、すなわち、インド太平洋という地域における生き方であり、国際社会における責任の示し方なのである。

　　2018年2月6日

　　　　　　　　　　　　　　　　　　　　　　　　下平　拓哉

目　次

はしがき　*i*

第1章　冷戦後における米海軍の戦略
　　　　──20年にわたる関与の実態── ……………………………… *1*

　はじめに ……………………………………………………………… *1*
　第1節　関与の20年 ………………………………………………… *2*
　第2節　新たな危機と挑戦 ………………………………………… *5*
　第3節　協調的関与戦略の今日的意義 …………………………… *7*
　第4節　米海軍戦略における海軍力と「関与」の本質 ………… *9*
　おわりに ……………………………………………………………… *12*

第2章　エアシー・バトル構想の本質と将来
　　　　──グローバル・ウォーゲームの分析を参考に── ………… *14*

　はじめに ……………………………………………………………… *14*
　第1節　中国の接近阻止・領域拒否戦略 ………………………… *16*
　第2節　米国の国際公共財におけるアクセスと機動のための
　　　　統合（JAM-GC）構想 …………………………………… *19*
　第3節　JAM-GC構想の将来 ……………………………………… *22*
　第4節　JAM-GC構想の本質と日本の役割 ……………………… *24*
　おわりに ……………………………………………………………… *27*

第3章　米海軍大学から見たアジア太平洋地域の危機
　　　──日米同盟の意義と日本の新たな役割── ……………… 29

　はじめに ……………………………………………………………… 29
　第1節　アジア太平洋地域における安全保障脅威 ……………… 31
　第2節　日米同盟の意義 …………………………………………… 33
　第3節　日本の新たな役割 ………………………………………… 36
　おわりに ……………………………………………………………… 38

第4章　中国の海洋戦略と防衛省・自衛隊の役割
　　　──非伝統的安全保障分野における挑戦── ………………… 39

　はじめに ……………………………………………………………… 39
　第1節　海洋国家を目指す中国 …………………………………… 40
　第2節　中国の海洋戦略 …………………………………………… 44
　第3節　中国海軍戦略の特徴 ……………………………………… 45
　第4節　新たな安全保障アプローチ ……………………………… 48
　おわりに ……………………………………………………………… 50

第5章　多国間協力時代の防衛省・自衛隊
　　　──非伝統的安全保障分野を中心に── …………………… 52

　はじめに ……………………………………………………………… 52
　第1節　防衛省・自衛隊に必要な海上における新たな機能 …… 55
　第2節　海上拠点の有効性と課題 ………………………………… 58
　第3節　戦力投射機能の有効性と課題 …………………………… 62
　第4節　日米同盟における日本の責務 …………………………… 66
　第5節　防衛省・自衛隊の新たな役割：NCMOアプローチ …… 69
　おわりに ……………………………………………………………… 74

第6章　南シナ海における日本の新たな関与戦略
　　　　──ARF災害救援実動演習を通じた信頼醸成アプローチ── … *76*

　はじめに…………………………………………………………………… *76*
　第1節　南シナ海をめぐるASEAN・中国と空母の存在意義………… *78*
　第2節　ARFにおけるHA/DRの位置づけ……………………………… *82*
　第3節　災害救援実動演習の意義………………………………………… *87*
　第4節　ARFにおける日本の新たな役割………………………………… *90*
　おわりに…………………………………………………………………… *93*

第7章　日米同盟の深化と防衛省・自衛隊
　　　　──協調と拒否による創造的関与戦略──…………………… *96*

　はじめに…………………………………………………………………… *96*
　第1節　創造的関与………………………………………………………… *97*
　第2節　協　調……………………………………………………………… *98*
　第3節　警戒監視…………………………………………………………… *100*
　第4節　拒　否……………………………………………………………… *101*
　おわりに…………………………………………………………………… *103*

第8章　日米同盟の転換点
　　　　──統合シーランド・アプローチ構想と日米同盟の深化──… *105*

　はじめに…………………………………………………………………… *105*
　第1節　顕在化する中国の軍事的パワー………………………………… *107*
　第2節　アジア太平洋地域の戦略環境と安全保障戦略………………… *110*
　第3節　地政学的スマート・パワー投射戦略…………………………… *112*
　第4節　統合シーランド・アプローチ構想……………………………… *116*
　第5節　新たな海上防衛力と日米同盟の深化…………………………… *118*
　おわりに…………………………………………………………………… *122*

第9章　日本の防衛
——海洋安全保障からの3つの視点—— …………………… *124*

はじめに ……………………………………………………………… *124*

第1節　日本に差し迫る危機 ……………………………………… *125*

第2節　米太平洋軍のインド・アジア・太平洋戦略 …………… *127*

第3節　現在、将来、フロム・ザ・ランド ……………………… *130*

おわりに ……………………………………………………………… *131*

第10章　日本の防衛力強化と役割の拡大
——専守防衛にまず必要なもの—— ……………………… *133*

はじめに ……………………………………………………………… *133*

第1節　アジア太平洋地域における安全保障上の脅威のトレンド …… *134*

第2節　防衛力の強化 ……………………………………………… *137*

第3節　役割の拡大 ………………………………………………… *140*

おわりに ……………………………………………………………… *141*

あとがき ……………………………………………………………… *143*

第1章　冷戦後における米海軍の戦略
―― 20年にわたる関与の実態――

はじめに

　イラク・アフガニスタン情勢の泥沼化、IS等の国際テロ活動の活発化、ロシアによるクリミア半島併合等、昨今の国際情勢は風雲急を告げている。アジア太平洋地域に目を転ずれば、東シナ海や南シナ海の海空域における中国の軍事的活動の急速な拡大や活発化が顕著である。米国は、2014年3月4日、『四年毎の国防計画の見直し（Quadrennial Defense Review: QDR2014）』（以下、QDR2014と言う。）において、このような安全保障環境を戦略的に不透明な情勢と評価した上で、リバランスを掲げ、地域的な友好関係を高めるために「選択的な関与」を進めることを明らかにした[1]。なかでも米海軍は、長きにわたってアジア太平洋地域における海洋の安定に多大な貢献をしてきたが、その米海軍が現在採用している戦略は、2007年10月に、海軍、海兵隊、沿岸警備隊が署名した「21世紀の海軍力のための協力戦略（A Cooperative Strategy for 21st Century Seapower）」（以下、「協力戦略」と言う。）[2]である。米海軍は、この「協力戦略」に基づいて、リバランスしながら、アジア太平洋地域において「選択的な関与」をしているのである。

　一方、米国と強固な同盟関係にある日本は、2013年12月17日、初の「国家安全保障戦略」と「平成26年度以降に係る防衛計画の大綱（25大綱）」及び「中期防衛力整備計画（平成26年度～平成30年度）」を決定し、国際協調主義に基づく「積極的平和主義」を旗印に、グローバルな安全保障上の課題に対する戦略的アプローチとして、日米同盟と多国間協力の重要性を強調

---

1 ）　U.S. Department of Defense, *Quadrennial Defense Review,* March 4, 2014.
2 ）　James T. Conway, Gray Roughead and Thad W. Allen, "A Cooperative Strategy for 21st Century Seapower," October 17, 2007.

した³⁾。そして、日本の防衛を担う防衛省・自衛隊は、今後「選択的な関与」を進める米国とともに日米同盟を一層強化していく上で、米海軍が採る「協力戦略」の本質を理解することが欠かせないのである。

これまで、QDR を中心とした米国防戦略の分析については、山口昇や辰巳由紀による優れた先行研究があるが、いずれも米海軍を分析の中心においているわけではない。また、冷戦後の米海軍戦略について、シー・ベーシングの観点から分析したものとして、筆者の先行研究があるが、冷戦後の米海軍の戦略について、「関与」の観点から体系的に分析したものは管見の限り見当たらない⁴⁾。

本章は、アジア太平洋地域の安全保障において中心的な位置づけにある米海軍が、およそ 20 年前にソ連に代わって台頭する中国を予見して構築した関与戦略に着目し、その今日的意義を分析することによって、米海軍の「協力戦略」の本質を明らかにするとともに、冷戦後米海軍が発表してきた各種戦略文書を分析し、「関与」の本質の変化方向を明らかにするものである。

第 1 節　関与の 20 年

全世界を震撼させた 1914 年の第一次世界大戦から百年が経過した。中国の再台頭に象徴される現在のアジア太平洋地域における安全保障環境は、ドイツが台頭し、ベルサイユ体制下の国際協調主義が破綻し、宥和政策を採っ

3）「平成 26 年度以降に係る防衛計画の大綱について」（平成 25 年 12 月 17 日安全保障会議決定閣議決定）。

4）　QDR2010 までの米国防戦略の分析については、山口昇「米国のアジア『回帰』と日米同盟」『海外事情』第 60 巻 7・8 号、2012 年 7・8 月、22-34 頁、があり、QDR2014 のみの分析については、辰巳由紀「QDR に異状あり？手詰まり感強まる米国防戦略」WEDGE Infinity、2014 年 3 月 18 日がある。また、米海軍戦略については、シー・ベーシングの観点から分析したものとして、下平拓哉「シー・ベーシングの将来—22 大綱とポスト大震災の防衛力—」『海幹校戦略研究』第 2 巻第 1 号、2012 年 5 月、109-125 頁がある。なお、1990 年までの米海軍の海軍力に関する体系的な研究としてベーアー（George W. Baer）のものがあるが、現代に至るまでの分析がなされているものはない。(George W. Baer, *The U.S. Navy, 1890-1990 One Hundred Years of Sea Power*, Stanford University Press, 1994.)

たことにより世界大戦を再招来した時代を想起させる。その状況を、国際秩序の形成と破壊といった視点から論を展開したE・H・カー（Edward Hallett Carr）の『危機の20年』[5] を見れば、宥和政策の危険性と20年という時の重さが容易に実感できる。

　明日を予見することが極めて難しくなってきている今日、20年という時間感覚を研ぎ澄ませることの重要性がかつてないほど高まっている。科学技術の急速な進歩等を受け、20年後を見据えた中期的な戦略構築でも、ややもすれば陳腐化してしまう可能性を含むものであり、過去との不断の比較による戦略修正を加える必要がある。

　今から20年ほど前の1994年8月12日、樋口廣太郎が座長を務める防衛問題懇話会が、いわゆる「樋口レポート」と言われる『日本の安全保障と防衛力のありかた-21世紀に向けての展望』を発表した。樋口レポートでは、国連や地域安全保障機構による「多角的安全保障戦略」という「協力的安全保障」を高く評価したのが特徴である。これに対して米国は、同年11月、米国防大学国家戦略研究所（INSS）が『米日同盟の再定義　東京の国防プログラム（Redefining The U.S.-Japan Alliance: Tokyo's National Defense Program）』[6] をまとめ、樋口レポートは、多角的安全保障と日本独自の能力を重要視しているがこれは必ずしも米日同盟と矛盾するものではないこと、米国は日本と連携して多角的安全保障に取り組むべきこと、そして、日本の新たな役割と任務をいかに米国と調整していくかを強調した。このように、20年前の日米は、多角的で協力的な安全保障認識を共有していたのである。

　実は、このような安全保障認識は、冷戦末期の米国にすでに芽生えていた。台頭する中国のアジア太平洋地域へのアクセスへの警戒は、ソ連の崩壊を待たずしてその傾向がすでに表れていたのである。1990年、トロスト（Carlisle A. H. Trost）米海軍作戦部長によれば、1990年代初頭、米海軍が最

5） Edward Hallett Carr, *The Twenty Year's Crisis, 1919-1939*, New York: Harper & Row, 1964.

6） Institute for National Strategic Studies, National Defense University, *Redefining The U.S.-Japan Alliance: Tokyo's National Defense Program,* November 1994.

も警戒していたのはソ連の脅威の他に、中国をはじめとする第三世界への高性能兵器の拡散とともに、アジア太平洋地域において、攻撃型潜水艦、対艦巡航ミサイル、機雷等を使用して米軍のアクセスを阻むことであった[7]。これはまさに、現在の米国が主張する中国の接近阻止・領域拒否（Anti-Access/Area Denial: A2/AD）（以下、A2/ADと言う。）を想起させるものである。

1993年10月には、アスピン（Les Aspin）国防長官が「ボトムアップ・レヴュー」[8] を発表し、冷戦後の戦力再編成の基本方針として、世界各地域に対し政治的、経済的、軍事的に「関与戦略（engagement）」を採ることを明らかにした。これに真っ先に応じたのが、アジア太平洋地域をその責任地域とする米太平洋軍であり、1994年4月、ラーソン（Charles R. Larson）米太平洋軍司令官は、「協調的関与戦略（Cooperative Engagement）」[9] を明らかにした。これは、現在米海軍が採用している「協力戦略」の嚆矢とも言えるものであり、その後、今日に至るまでの20年間にわたる関与戦略の基本的支柱となる。クリントン（William Jefferson "Bill" Clinton）米大統領が「関与と拡大の国家安全保障戦略」[10] を議会に報告し、民主主義と市場経済を広めるための関与政策を発表したのが、1994年7月であることを考えると、いかに米太平洋軍の対応が早かったが分かる。

今日まで続いた日米が共有していたこの関与戦略は、今後の20年間を迎えるに当たって果たして耐えられるものであろうか。20年後の将来を見据えた戦略が、全くの修正もなく機能するほど国際社会は甘くはないであろう。必要なのは、過去20年と現在の比較から、次の20年を見抜く力である。そこでは、20年前に提唱された「協調的関与戦略」の本質とも言える今日的意義を明らかにしていく分析が欠かせない。

---

[7] Charlisle A. H. Trost, "Maritime Strategy for the 1990s," *Proceedings,* Vol. 116/5/1, 047, May 1990, p. 94.

[8] Secretary of Defense Les Aspin, "The Bottom-Up Review: Forces for a New Era," September 1993.

[9] Charles R. Larson, "Pacific Command's Cooperative Engagement: Advancing US Interests," *Military Review,* April 1994.

[10] *A National Security Strategy of Engagement and Enlargement*, July 1994.

第 2 節　新たな危機と挑戦

　アジア太平洋地域にリバランスする米海軍の戦略の本質を理解する上で、米太平洋軍が初めて「関与」について言及した 1994 年のラーソンによる「協調的関与戦略」の分析の意義は大きい。ここでは、「協調的関与戦略」に記されているアジア太平洋地域の安全保障環境認識について、QDR2014 に示されている最新の情勢認識と比較して、何が不変で、何が変化しているか分析を加えてみる。

　「協調的関与戦略」では、米国と同盟国の国益を守るために、冷戦後顕著となった危機と挑戦の二つに大別して分析を加えている。第一の危機については、地域的危機と拡散危機、民主主義に対する危機、経済危機に分類している。地域的危機としては、歴史的な敵対関係、宗教、イデオロギー、国境紛争等多様である。また、アジア太平洋地域には 7 つの軍事大国が存在し、人口差や所得差は大きく、政治システムや宗教も多様である。したがって、同地域はこのような大きな多様性ゆえに潜在的に地域紛争を悪化させやすい傾向にあると評価している。

　拡散危機については、大量破壊兵器と通常兵器の拡散がある。全世界の 25 か国が、大陸間弾道弾能力を有しているか開発中であり、そのうち 8 か国が米太平洋軍の責任地域に存在している。また 22 か国が生物兵器あるいは化学兵器を保有しているか開発中であり、そのうち 12 か国が米太平洋軍の責任地域に存在している。

　民主主義に対する危機については、未熟な民主主義が経済危機や民衆の不満によって脅威にさらされているとし、経済危機については、経済安全保障のためには、地域的秩序の維持と協力が欠かせないものの、経済的緊張は保護主義に陥りやすく、アジア太平洋地域に安定的な市場を確保することを難しくしていると評価している。

　第二の挑戦については、これらの危機が高まり、それぞれが影響しあうと大きな挑戦となると定義している。人口増大、急速な近代化、天然資源の消費拡大、森林伐採、公害問題等があり、人口増大はエイズ問題にも影響を及

ほし、テロ、麻薬密売や難民問題も引き起こすと指摘している。

一方 QDR2014 においては、危機と挑戦という分類をやめ、地域的な特徴とグローバルな特徴の二つに大別して分析している。地域的な特徴については、アジア太平洋地域はこの 60 年間、自由で開かれた通商、国際秩序の促進、自由なアクセスの維持を通じ、平和と繁栄を確保してきたが、今後、よりグローバルな通商、政治、安全保障の中心となりつつあると指摘している。特に中国の急速な軍事的近代化に着目し、ASEAN 等との多国間安全保障枠組みを進めている点は、「協調的関与戦略」と時代を超えて共通した認識である。また、北朝鮮の大量破壊兵器拡散の懸念も継続している。したがって、地域的な特徴については、アジア太平洋地域における中国の台頭を焦点においている点で不変である。

次に、グローバルな特徴については、21 世紀の安全保障環境を考える上で、科学技術の進展に焦点を当てている点では、「協調的関与戦略」とは明確な相違を見出すことができる。特に、中国の A2/AD 能力のうち、サイバー、宇宙空間の支配技術に警戒を示すとともに、通常型弾道ミサイルや巡航ミサイルの増加に懸案を示している。その他、引き続き、テロをはじめ、気候変動や人口問題、政治的不安定性、社会的緊張等の問題は引き続き継承されている。2012 年 1 月に提出された『統合作戦アクセス構想（Joint Operational Access Concept Ver. 1.0: JOAC）』によれば、A2/AD 戦略に対抗する概念として、作戦領域間の相乗作用が必要であるとし、数個の作戦領域を組み合わせることにより、自らの優位性を高めるとしている[11]。したがって、グローバルな特徴については、科学技術の進展に伴う中国の A2/AD 能力の向上と作戦領域の拡大が大きな変化と認識できる。

以上のような「協調的関与戦略」と QDR2014 における安全保障環境認識の比較から分かることは、20 年前のアジア太平洋地域における新たな危機と挑戦との分類そのものは意味をなくしたが、その内容自体は現在進行形であること。そして、新たな危機と挑戦に当たるものとして、中国の A2/AD

---

11) Joint Chief of Staff, *Joint Operational Access Concept,* Version 1.0, January 17, 2012, p. 15.

能力と作戦領域の拡大化が顕著になってきたのである。より具体的には、サイバー、宇宙、空、陸、海、海中といった新たに定義すべき作戦上重要な領域が拡大しているのである。

第3節　協調的関与戦略の今日的意義

　アジア太平洋地域に関与を続けるオバマ（Barack Hussein Obama Ⅱ.）米大統領は、「合衆国再生」を掲げてはいるものの[12]、財政赤字を回復する必要があり、国防予算削減にも大きく切り込んでいる。新アメリカ安全保障センター（CNAS）の試算によれば、軍事費削減により、同盟国が米国の関与に疑問を抱き、地域がより不安化する可能性を指摘している[13]。アジア太平洋地域の安全保障環境はますます危機的な状況である。

　このような厳しい安全保障環境下において、果たして協調という宥和的な側面だけで、引き続きアジア太平洋地域における安定した安全保障環境を維持していくことができるであろうか。ここでは、同地域の安全保障環境の変化を踏まえ、「協調的関与戦略」の今日的意義について分析を加えてみる。

　「協調的関与戦略」の目的は、平時における関与と参加、危機に際しての抑止と協調、戦闘における勝利であると規定されている[14]。また、その目的を達成するために、①前方プレゼンス、②強固な同盟、③危機対処という三つの方法が必要であると提示している[15]。そして、継続的かつ広範なアクセスを確保するために、基地（bases）よりも場所（places）を強調していることは注目すべきである[16]。

　2012年1月、米国防総省は、中国の台頭を踏まえ、アジア太平洋地域の

---

[12]　Barack Obama, *The Audacity of Hope: Thoughts on Reclaiming the American Dream*, New York: Random House Large Print in association with Crown Publishers, 2010.

[13]　Center for a New American Security, Hard Choices-Responsible Defense in an Age of Austerity, October 2011, available at www.cnas.org/files/documents/publications/CNAS_HardChoices_BarnoBensahelSharrp_0.pdf/.

[14]　Larson, "Pacific Command's Cooperative Engagement: Advancing US Interests," pp. 8-9.

[15]　Ibid.

[16]　Ibid., p. 14.

重要性を再認識し、『米国の世界的リーダーシップの維持：21世紀の国防の優先事項（Sustaining U.S Global Leadership: Priorities for 21st Century Defense）』を発表、同地域への政治・経済・軍事を含む「総合的な関与」を強化するためのリバランスを表明した[17]。そして、2012年のシャングリラ・ダイアローグ（第11回アジア安全保障会議）においてパネッタ（Leon Panetta）米国防長官は、アジア太平洋地域における米国の関与の仕方として「四つの原則」を掲げている。第一は、国際的なルールと秩序の適用、第二に、アジア太平洋諸国とのパートナーシップの拡充、第三に米軍のプレゼンスの維持・強化、そして、第四は、米国の戦力投射である[18]。しかし、ここで興味深いのは、2014年のシャングリラ・ダイアローグ（第13回アジア安全保障会議）におけるヘーゲル（Chuck Hagel）米国防長官の発言である。米国が、太平洋国家としてパートナーシップを強化していく上での「四つの優先順序」を掲げている。第一は、紛争の平和的解決、第二に、国際的規範に基づいた協調的地域機構の構築、第三に、同盟国及びパートナー国の能力構築、そして、第四は、地域防衛能力の強化である[19]。ここで、2014年になって、プレゼンスと戦力投射という言葉が消え、新たに「パートナーシップ」と「地域」という言葉に置き変わっていることが分かる。

つまりこれらを踏まえると、「協調的関与戦略」の今日的意義は、アクセスの確保と同盟国の重要性にあり、今後一層、地域におけるパートナーシップの強化とアクセス確保のための能力向上が求められているのである。

---

[17]　U.S. Department of Defense, *Sustaining U.S Global Leadership: Priorities for 21st Century Defense,* January 5, 2012.

[18]　Leon Panetta, Shangri-La Security Dialogue speech, June 2, 2012.

[19]　Chuck Hagel, Shangri-La Security Dialogue 2014 Plenary Session, May 31, 2014.

第 4 節　米海軍戦略における海軍力と「関与」の本質

　米国は、QDR2014 が示すとおり、アジア太平洋地域への「選択的な関与」を進め、米海軍は「協力戦略」を採用しているが、その実態とはどのようなものであろうか。冷戦後、米海軍が発表してきた各種戦略文書を分析してみることにより、「関与」の実態を明らかにする。もちろん、「関与」の実態を把握し、それを実証することは極めて困難である。したがって、ここでは、各種戦略文書に記されている海軍力の主要要素について比較分析を試みた。なお、海軍力の主要要素の分類に当たっては、必ずしも同じ文言が使われているわけではないので、記述の内容を重視して整理することとする[20]。

　1991 年 12 月 25 日のソ連邦崩壊は、米海軍戦略にも大きな影響を与えた。1992 年 9 月 30 日、米海軍・海兵隊は「フロム・ザ・シー（…From the Sea）」を発表し、これまでの冷戦期のソ連艦隊と対決する古典的かつ伝統的な戦略から、沿岸から紛争地域を攻撃する戦略へと転換した[21]。その後、1994 年に「前へ、フロム・ザ・シー（Forward…From the Sea）」、1997 年に「いつでも、どこでも（Anytime, Anywhere）」、2001 年に「シーパワー21（Seapower 21）」、2006 年に「海軍作戦概念 2006（Naval Operation Concept 2006）」を発表し、2007 年の「協力戦略」に至るまで、実に六つの戦略文書が出されている[22]。

　これらの戦略文書において示されている海軍力の主要要素については、表 1 のとおりにまとめることができる。

---

[20] 1980 年代以降の米海軍等の主な戦略文書における「抑止」「制海」等の海軍力の主要要素の具体的な内容については、下平「シー・ベーシングの将来」112-117 頁を参照。

[21] U.S. Department of the Navy, *…From the Sea,* September 30, 1992.

[22] U.S. Department of the Navy, *Forward…From the Sea,* November 9, 1994; Admiral Jay Johnson, "Anytime, Anywhere: A Navy for the 21st Century," *Proceedings*, Vol. 123/11/1, 137, November 1997; Admiral Vern Clark, "Sea Power 21," *Proceedings*, Vol. 127/10/1, 184, October 2001; Admiral Michael G. Mullen and General Michael W. Hagee, *Naval Operations Concept 2006*, September 1, 2007; James T. Conway, Gray Roughead and Thad W. Allen, "A Cooperative Strategy for 21st Century Seapower," October 17, 2007.

表1　各種戦略文書における海軍力の主要要素

戦略文書 海軍力の主要要素	1992年 フロム・ザ・シー	1994年 前へ	1997年 いつでもどこでも	2001年 シーパワー21	2006年 海軍作戦概念2006	2007年 協力戦略
抑止（Deterrence）	○	○	○	○	○	○
制海（Sea Control）	○	○	○	○	○	○
戦力投射（Power Projection）	○	○	○	○	○	○
前方展開（Forward Presence）	○	○	○	○	○	○
海上輸送（Sealift）	○	○	○	○		
危機対応（Crisis Response）					○	
海洋安全保障（Maritime Security）					○	○
人道支援・災害救援（HA/DR）						○

　これらに共通する要素としては、「抑止」、「制海」、「戦力投射」、「前方展開」の四つであることが分かる。そして、さらに2007年以降に発表された米海軍の戦略文書である2010年の「海軍ドクトリン1（Naval Doctrine Publication 1: Naval Warfare）」や「海軍作戦概念2010（Naval Operation Concept 2010）」においても、表2に示すように、この四つの海軍力の主要要素が共通していることが分かる。

　つまり、これらから、今から20年前の「協調的関与戦略」以降、現在に至るまで、米海軍が採ってきた「関与」の本質とは、「抑止」、「制海」、「戦力投射」、「前方展開」することによってその海軍力を行使し、アジア太平洋地域に対する関与を進めてきたことが分かる。そして、表2を見てわかるように、戦略文書上、海軍力の主要要素は、警戒・監視や海賊対処といった「海洋安全保障」や「人道支援・災害救援」といった平素の活動分野が拡大

表2　2010年の各種戦略文書における海軍力の主要要素

戦略文書 海軍力の主要要素	2010年 海軍ドクトリン1	2010年 海軍作戦概念2010
抑　止 （Deterrence）	○	○
制　海 （Sea Control）	○	○
戦力投射 （Power Projection）	○	○
前方展開 （Forward Presence）	○	○
海上輸送 （Sealift）		
危機対応 （Crisis Response）		
海洋安全保障 （Maritime Security）	○	○
人道支援・災害救援 （HA/DR）	○	○

していることが分かる。

　それでは、米国が今から20年前から継続している「関与」は、その実態である海軍力の行使とは別に、どの程度各種戦略文書に反映されているのであろうか。冷戦後に米海軍が発表してきた各種戦略文書において、「関与（Engagement）」の文言がどの程度使用されているか分析を加えてみたのが、表3である。

　これから、米太平洋軍が1994年に使用していた「関与」という文言が、正式に米海軍の戦略文書に現れたのが、1997年であることが分かるが、わずかに一回のみである。そして、現在の海軍が採用している「協力戦略」においても、わずか二回しか言及されていない。米海軍の戦略文書に広く使用されるようになったのは、実に2010年の「海軍ドクトリン1」からである。

　これが意味するところは、2010年頃を境に、「関与」の本質に実質的な変化が生じてきていることである。アジア太平洋地域においては、2008年以

表3　各種戦略文書における「関与」の回数

年代	1992年	1994年	1997年	2001年	2006年	2007年	2010年	2010年
戦略文書	フロム・ザ・シー	前へ	いつでもどこでも	シーパワー21	海軍作戦概念2006	協力戦略	海軍ドクトリン1	海軍作戦概念2010
関与の回数	0	0	1	2	2	2	10	18

降、特に東シナ海や南シナ海の海空域における中国の軍事的活動の急速な拡大や活発化がみられるようになり[23]、ますます警戒・監視や海賊対処といった平素の活動が重要となってきているのである。このことは、表2で指摘したように、海軍力の主要要素として、「海洋安全保障」や「人道支援・災害救援」といった平素の活動分野が拡大していることとも符合するものである。

そして、「協調的関与戦略」の今日的意義であるアクセスの確保と同盟国の重要性を踏まえれば、米海軍は、同盟国とともに、平素から海軍力の主要要素をいかに行使してゆくことによって、アクセスを確保する戦略へと変化をしつつあるのである。つまり、「関与」の本質が拡大化しているのである。

おわりに

米国は、これまでアジア太平洋地域の安全保障に大きく寄与してきた。冷戦期はソ連への封じ込め戦略、冷戦後は中国への関与戦略をもって、大国の台頭に対してきた。なかでも安全保障上、多大な役割を担ってきた米海軍は、「協力戦略」に基づいてその海軍力を発揮している。今から20年前の「協調的関与戦略」に始まったその「関与」の本質とは、「抑止」、「制海」、「戦力投射」、「前方展開」からなる海軍力の行使であり、これは今後とも継続される普遍的な海軍力の主要要素と考えられる。しかしながら、2010年

---

[23]　下平拓哉「沖縄問題の現状と我が国安全保障上の課題」『波濤』第37巻第3号、2011年9月、2-3頁。

頃を境に、アジア太平洋地域における「関与」の本質も、より平素の活動に志向したものへと変化し、つまり「関与」の本質がより拡大化してきているのである。

依然超大国である米国であっても、単独でアジア太平洋地域における安定した安全保障環境を維持していくことが難しくなっているのが現実である。また、日米ともにそれぞれが抱える現下の人的財政的危機状況は一層厳しさを増しており、台頭著しい中国を前に、同地域における安全保障を考える上で、日米同盟の一層の強化が唯一とも言える現実的かつ効果的な選択肢となっている。

グリナート（Jonathan Greenert）米海軍作戦部長（当時）は、厳しい安全保障環境を踏まえ、『2025年の海軍（Navy, 2025: FORWARD WARFIGHTERS）』において、海軍・海兵隊が国家安全保障上、死活的に重要であるとし、「A2/AD下で、最も重要なことは、環境に順応し、主導をとって、効果的な作戦を行うこと」[24] と、環境への順応と主導性を重要視している。つまり、台頭する中国を視野に入れれば、受動的ではなく、積極的に安定した安全保障環境を創り上げていくことにより、主導性を確保することが重要である。

日本は、国際協調主義に基づく「積極的平和主義」を推進している[25]。リバランスする米海軍と強力な同盟関係にある防衛省・自衛隊は、従来の「関与と対処」戦略から一歩踏み出し、米海軍とともにより効率的に海軍力の主要要素を行使することによって、日米同盟を一層強化しつつ、多国間協力を進め、主導性を確保した安全保障環境を積極的に創造していく努力が必要となってきているのである。

---

24) Jonathan Greenert, "Navy, 2025: FORWARD WARFIGHTERS," *Proceedings,* Vol. 137/12/1, 306, December 2011, pp. 19-21.
25) 外務省「日本の安全保障政策」2014年7月3日。

第 2 章　エアシー・バトル構想の本質と将来
―― グローバル・ウォーゲームの分析を参考に ――

はじめに

　日本を取り巻く安全保障環境は、近年一層厳しさを増している。それを最もよく象徴しているのが、中国の軍事的能力の伸張と南シナ海や東シナ海における軍事的活動の活発化であろう。2009 年、米国防総省は、議会への年次報告書『中華人民共和国の軍事力（Annual Report to Congress: Military Power of the People's Republic of China）』において、今後注目すべき中国の新たな軍事的能力として、「接近阻止・領域拒否（Anti-Access/Area Denial: A2/AD）」能力を掲げ、初めて分析を加えた[1]。そして続く 2010 年、米国防総省は、「四年毎の国防計画の見直し（Quadrennial Defense Review Report: QDR2010）」において、初めて「エアシー・バトル（Air-Sea Battle）」という構想を明らかにした[2]。それから 5 年を経た 2015 年 1 月 8 日、米国防総省は、より統合を重視するため、その構想の名称を「国際公共財におけるアクセスと機動のための統合（Joint Concept for Access and Maneuver in the Global Commons: JAM-GC）構想」と変更したのである[3]。

　これまで「エアシー・バトル構想」をめぐっては、様々な議論が展開されてきた。例えば、米国防大学国家戦略研究所のハメス（T. X. Hammes）上級研究員は、「エアシー・バトル構想」には戦略がない、実現のための資源が不足していると批判し、「オフショア・コントロール（Offshore Control）戦略」を提唱したが[4]、「オフショア・コントロール戦略」に係る実際的な作

---

1 ）　U.S. Department of Defense, *Annual Report to Congress: Military Power of the People's Republic of China,* 2009, pp. 20-22.
2 ）　U.S. Department of Defense, *Quadrennial Defense Review Report,* February 1, 2010, p. 8, 32.
3 ）　"Air Sea Battle Name Change Memo," U.S. Department of Defense, January 20, 2015.

戦レベルの検証は現在に至るまで全く実施されていない。

それに対して、「エアシー・バトル構想」は、QDR2010 の 2 年後から、米海軍大学において、「グローバル・ウォーゲーム（Global War Game）」という本格的な作戦レベルの演習を実施し検証が進んでいる[5]。「グローバル・ウォーゲーム」に係る分析については、米海軍大学が正式に発表しているゲームレポートが唯一の資料であり、「JAM-GC 構想」の本質を理解する上で欠かせない一級の資料である。

筆者は、米海軍大学連絡官兼客員教授として、「グローバル・ウォーゲーム」に参加した。その米海軍大学では、昨今の中国の台頭を踏まえて、2006 年に中国海事研究所が設置され、軍事のみに囚われない学際的なアプローチによる中国研究が活発である。

本章では、まず中国の A2/AD 戦略に関する米海軍大学中国海事研究所所属の識者の論考を整理した上で、米国防総省や米統合参謀本部等が示した戦略文書における「エアシー・バトル構想」の位置づけを分析することによって、「JAM-GC 構想」の重要要素を明らかにする。次に、「グローバル・ウォーゲーム」のゲームレポートを分析することを通じて、「JAM-GC 構想」の将来的方向性を明らかにする。そして最後に、図上演習部長（当時）のデラボルペ（David DellaVolpe）教授へのインタビューを交えながら、「JAM-GC 構想」の本質を明らかにするとともに、それらを踏まえた上で、今後日本が採るべき役割について提言するものである。

4） T. X. Hammes, "Offshore Control: A Proposed Strategy," *Infinity Journal,* Vol. 2, Issue 2, Spring 2012, pp. 10-14; T. X. Hammes, "Offshore Control: A Proposed Strategy for an Unlikely Conflict," *Strategic Forum,* No. 278, June 2012; T. X. Hammes, "Offshore Control is the Answer," *Proceedings,* Vol. 138/12/1, 318, December 2012; T. X. Hammes, "Sorry AirSea Battle Is No Strategy," *The National Interest,* August 7, 2013. オフショア・コントロール戦略についても、米海軍分析センターのコルビーらにより、実現性可能性や持続可能性に欠ける等の批判がある。(Elbridge Colby, "Don't Sweat AirSea Battle," *The National Interest,* July 31, 2013.)

5） https://usnwc2.usnwc.edu/Research---Gaming/War-Gaming/Documents/Publications/Game-Reports.aspx/.

第 1 節　中国の接近阻止・領域拒否戦略

　米海軍大学のヨシハラ（Toshi Yoshihara）教授とホームズ（James Holmes）教授は、「東アジアにおけるエアシー・バトルは中国に対するものである。」[6]と断言する。

　その中国は、まさに A2/AD 戦略を体現するかのように、南シナ海や東シナ海において、領有権に関する強硬な主張や強圧的な活動を活発化させている。2013 年 1 月 30 日、東シナ海において、中国海軍フリゲート艦が海上自衛隊護衛艦に対して、射撃管制レーダーを照射し挑発した。2014 年 5 月 24 日には、中国空軍戦闘機が日中中間線付近において自衛隊情報収集機に異常接近した。また、南シナ海においても、2012 年 4 月、中国は、フィリピンが実効支配していたスカボロー礁に監視船を派遣し事実上支配下においた。2014 年 5 月 28 日には、パラセル諸島近海において、中国海警とベトナム漁業監視船 100 隻以上が放水、接近、衝突を繰り返した。2014 年 8 月 19 日には、海南島東方沖合において、中国海軍戦闘機が米海軍哨戒機に異常接近した。そして、2015 年 5 月末にシンガポールで開催されたアジア安全保障会議で中国側出席者からは、「南シナ海における岩礁の埋め立ては、軍事防衛上の必要性を目的とする。」[7]旨の説明もあった。

　米海軍大学中国海事研究所のゴールドスティン（Lyle Goldstein）教授は、現在の日中間の緊張により東シナ海は世界中で最も危険な地域であると主張している[8]。また、今後 15 年間の世界を予測した米国家情報会議の報告書『グローバル・トレンド 2030（Global Trends 2030）』によれば、中国の台頭により、2030 年までに米国による単極構造は終わりを告げると予測している[9]。

---

6) Toshi Yoshihara and James R. Holmes, "Asymmetric Warfare, American Style," *Proceedings*, Vol. 138/4/1, 310, April 2012, p. 25.

7) Sun Jianguo, "Strengthening Regional Order in the Asia-Pacific," *IISS Shangri-La Dialogue 2015 Fourth Plenary Session*, May 30, 2015.

8) Lyle J. Goldstein, "The World's Most Dangerous Rivalry: China and Japan," *The National Interest*, September 29, 2014.

つまり、アジア太平洋地域の安全保障を考えていく上で、日本、米国、そして中国は最重要要素であるが、少なくとも現状では、冷戦後米国が採用してきた関与戦略と中国の A2/AD 戦略がせめぎ合いの様相を呈してきているのである。

中国の A2/AD 戦略とは、米国の分析であり、中国が正式に公表したものではない。その中国は、毛沢東が創出した「積極防御軍事戦略」を現在も堅持していると言われている[10]。2013 年 4 月に発表された国防白書『中国の武装力の多様な運用』では、「積極防御の軍事戦略を揺るぎなく実行し、侵略への備えと反撃の態勢を固め、分裂主義勢力を抑え込み、国境防衛、領海防衛、領空防衛を固め、国家の海洋権益と宇宙空間、サイバー空間の安全と利益を守る。」[11]と説明している。

つまり、中国の A2/AD 戦略とは、陸、海、空、宇宙、サイバー空間といった作戦領域における支配権確立への挑戦と言い換えることができる。確かにこれまで、アジア太平洋地域における米国の影響力は揺ぎなく、海洋、宇宙、サイバーといった「グローバル・コモンズ（国際公共財）」に対するアクセスの自由が確保されてきたが、昨今の著しい中国の台頭は、同地域の作戦領域に対する米国支配への挑戦が始まっていることを示しているのである。

この作戦領域に対する支配への挑戦が顕在化してきたのは、2000 年代に入ってからである。例えば、ランド研究所が中国の A2/AD 戦略とその能力についての分析を公表したのは 2007 年であり[12]、実際に南シナ海や東シナ海において、中国海軍艦艇及び海洋法執行機関船舶の活動が活発化してきたのも 2009 年以降である[13]。

---

9) National Intelligence Council, *Global Trends 2030: Alternative World,* December 2012.
10) 齊藤良「中国積極防御軍事戦略の変遷」『防衛研究所紀要』第 13 巻第 3 号，2011 年 3 月，25 頁。
11) 中華人民共和国国務院新聞弁公室『国防白書：中国の武装力の多様な運用』2013 年 4 月，http://j.people.com.cn/94474/8211910.html.
12) Roger Cliff, Mark Burles, Michael S. Chase, Derek Eaton, Kevin L. Pollpeter, *Entering the Dragon's Lair: Chinese Antiaccess Strategies and Their Implications for the United States,* RAND Corporation, 2007.
13) 下平拓哉「中国の海洋戦略と海上自衛隊の役割―非伝統的安全保障分野における挑

近年さらに特徴的なこととして、2013年7月22日、「五龍」と言われる中国の海洋法執行機関のうち四つが統合し、中国版沿岸警備隊である「中国海警局」が発足した。米海軍大学中国海事研究所のマーティンソン（Ryan D. Martinson）研究員は、世界最大級の外洋型海洋法執行機関となる可能性を指摘している[14]。また、米海軍大学中国海事研究所のエリクソン（Andrew S. Erickson）教授も、中国は特に近海における海上保安能力の強化を目指していると分析している[15]。

　これら近海における中国の海洋法執行機関船舶の能力向上は、海軍艦艇の近代化と相俟って、アジア太平洋地域の安全保障上無視できない存在となってきている。これらが、国際法規に則った理性的な活動を推進するのであれば問題はないが、今日までの南シナ海や東シナ海における高圧的な活動を見る限り、より危機的な状況へとエスカレーションしかねない状況が続いていると認識できる。

　さらに、中国の軍事的な側面については、米海軍情報局のカロトキン（Jesse L. Karotkin）上級分析官が、2014年1月の米中経済安全保障検討委員会において中国海軍の現状について報告している。これによると、中国海軍は、主要水上艦約77隻、潜水艦60隻以上、中・大型揚陸艦55隻、小型ミサイル艇85隻などによって構成されているが、大型かつ最新の兵器やセンサーを搭載した近代化が進んでいる。また、2013年には、50隻を超える艦艇が建造され、これらによりアジア太平洋地域における米軍の介入に対する抑止や阻止を狙っており、複雑な電磁環境における地域作戦能力を強化していると分析している[16]。

　そして、米海軍大学中国海事研究所のエリクソン教授によれば、中国は海

　　戦─」『危機管理研究』第22号、2014年3月。
14)　Ryan D. Martinson, "Power to the Provinces: The Devolution of China's Maritime Rights Protection," *China Briief*, Vol. XIV, Issue 17, September 10, 2014, p. 7.
15)　Andrew S. Erickson, "China's Naval Modernization: The Implications of Sea Power," *World Politics Review*, September 23, 2014, p. 8.
16)　Jesse L. Karotkin, "Trends in China's Naval Modernization US China Economic and Security Review Commission Testimony," *Hearing; China's Military Modernization and its Implications for the United States*, January 30, 2014.

洋国家化の具体策として、「海を制するに陸を用いる」との考えの下、水陸両用部隊を整備し、DF-21D 等の弾道ミサイルを配備している[17]。中国のA2/AD 戦略の鍵となるのが対艦巡航ミサイルと対地巡航ミサイルであり、中国は情報環境下の局地戦争に勝利することを目指していると分析している[18]。

　このように、中国のA2/AD 戦略は、情報や電磁環境といった複雑な作戦領域においても、ミサイル能力を最大限活用して、米国の影響を抑止あるいは阻止するものであり、それは、平素からあらゆる作戦領域において継続されるものである。アジア太平洋地域を舞台とした米国と中国のせめぎ合いは、両国とも国内的な問題を孕みつつも、国際問題化しているのは事実であり、その国力の大きさゆえに中国に無限の可能性があるのもまた事実である。日本は、米国とともに、アジア太平洋諸国と緊密に協力し合うことによって、平素からあらゆる事態に対応できるように準備しなければならないのである。

第2節　米国の国際公共財におけるアクセスと機動のための統合（JAM-GC）構想

　QDR2010 発表の翌年の 2011 年 8 月 12 日、米国防総省内にエアシー・バトル室が創設され[19]、本格的な検討が開始されている。

　2012 年 1 月 5 日、オバマ（Barack Hussein Obama Ⅱ.）米大統領は、中国の台頭やアフガニスタンやイラクからの撤収といった安全保障環境の変化と国防予算削減のなか、次の 10 年の統合軍のあり方を示すものとして「国防戦

17）　Andrew S. Erickson and David D. Yang, "Using The Land To Control The Sea?: Chinese Analysts Consider the Antiship Ballistic Missile," *Naval War College Review,* Vol. 62, No. 4, Autumn 2009, pp. 53-54.

18）　Dennis M. Gormley, Andrew S. Erickson, and Jingdong Yuan, *A Low-Visibility Force Multiplier: Assessing China's Cruise Missile Ambitions,* National Defense University Press, April 2014, p. xvii.

19）　U.S. Department of Defense, "Multi-Service Office to Advance Air-Sea Battle Concept," News Release, November 9, 2011.

略指針（Defense Strategic Guidance: DSG）」を発表した[20]。そこでは、アジア太平洋地域における「リバランス」の必要性を明らかにし、「グローバル・コモンズ」への自由なアクセスの維持と同盟国の役割の重要性が強調されている[21]。

2012年1月17日、米統合参謀本部は、中国のA2/AD環境下における自由なアクセスを確保するために、「統合作戦アクセス構想（Joint Operational Access Concept: JOAC）」を発表し、陸海空のより柔軟な統合による「作戦領域間相乗効果（Cross-Domain Synergy）」を発揮させることが強調された[22]。また、2012年9月10日には、「統合軍2020（Joint Force 2020）」において、将来の統合軍の戦い方として「グローバル統合戦」を明らかにするとともに、その主要素のひとつとして、「作戦領域間相乗効果」を掲げている[23]。

そして、2013年5月12日、米国防総省エアシー・バトル室が、この「統合作戦アクセス構想」を受けた具体的な構想として「エアシー・バトル構想第9版」を発表した[24]。そこでは、構想の核心として「NIA/D3（networked, integrated, attack-in-depth to disrupt, destroy and defeat）」が示された。それは「ネットワーク化統合部隊」によって、「作戦領域間作戦」を行い、「混乱、破壊、打倒」するために縦深攻撃を行うことを意味し、相手の最も脆弱な部分への物理的あるいは非物理的手段によってなされるとしている[25]。そして、「エアシー・バトル構想」は、米軍の行動の自由と戦力投射能力を維持するために不可欠と結論づけていることから[26]、「JAM-GC構想」の重要要素とは、「作戦領域間相乗効果」であることは間違いない。

---

[20] U.S. Department of Defense, *Sustaining U.S. Global Leadership: Priorities for 21st Century Defense,* January 5, 2012.
[21] Ibid., pp. 2-3.
[22] U.S. Joint Chiefs of Staff, *Joint Operational Access Concept,* January 17, 2012, pp. 8-17.
[23] U.S. Joint Chiefs of Staff, *Capstone Concept for Joint Operations: Joint Force 2020,* September 10, 2012, p. 4.
[24] U.S. Department of Defense Air-Sea Battle Office, *Air-Sea Battle Concept, version 9.0,* May 12, 2013, p. 4.
[25] U.S. Department of Defense, *Sustaining U.S. Global Leadership: Priorities for 21st Century Defense,* January 5, 2012, pp. 4-7.
[26] Ibid., p. 13.

次に、「JAM-GC 構想」の対象についてはどのように考えられているであろうか。「エアシー・バトル構想第9版」においては、決して特定の国を想定したものではないとされているが、「国防戦略指針」において、中国とイランを名指ししていることは見逃すべきではないであろう[27]。2012年2月に、米海軍作戦部長と米空軍参謀総長が連名で発表した「エアシー・バトル構想」において、世界中で米国の国益を守るため、米国は戦力投射能力を発揮し、自由なアクセスを確保する必要があり、このために、「エアシー・バトル構想」が考えられたと説明している[28]。そして、2012年5月、米戦略・予算評価センターから発表された「エアシー・バトル構想」に関する報告書においても、中国に対抗するためには、米国の戦力投射能力を維持しなければならない旨説明されていることから[29]、アジア太平洋地域においては中国をその主対象においていることは間違いないであろう。

2014年3月4日、米国防総省はQDR2014を発表、大筋で2012年の「国防戦略指針」の内容を踏襲ながらも、アジア太平洋地域への「リバランス」の継続を確認し、米統合軍の能力再構成に当たって重視する分野として、①サイバー、②ミサイル防衛、③核抑止、④宇宙、⑤海空、⑥精密攻撃、⑦ISR、⑧対テロ・特殊作戦の8分野を掲げた[30]。この8分野は、統合軍が陸、海、空、宇宙、サイバー空間といった作戦領域間の相乗効果を発揮するために不可欠な分野であると推測できる。なかでも、サイバーが筆頭に掲げられていることは、サイバーが他の作戦領域にも大きく影響を与え、かつ作戦構想を根底から覆す可能性を秘めた死活的に重要な要素であるからであり、今後とも注視していかなければならないであろう。

このように、「JAM-GC 構想」の重要要素とは、「作戦領域間相乗効果」であり、米統合軍は、世界中どこにおいても、作戦を展開する領域間の相乗

---

27) Ibid., p. 4.
28) Norton A. Schwartz and Jonathan W. Greenert, "Air-Sea Battle," *The American Interest*, February 20, 2012.
29) Jan van Tol with Mark Gunzinger, Andrew Krepinevich, and Jim Thomas, *AirSea Battle: A Point-of-Departure Operational Concept*, CSBA, 2010, pp. x, 20-22.
30) U.S. Department of Defense, *Quadrennial Defense Review Report*, March 4, 2014.

効果を最大発揮することによって、「グローバル・コモンズ」への自由なアクセスを確保し、維持していくことを追求しているのである。

第3節　JAM-GC 構想の将来

　2012年8月、米海軍大学の図上演習装置を使って、「エアシー・バトル構想」についての作戦レベルでの検証が本格的に開始された[31]。2014年9月に実施された「グローバル・ウォーゲーム2014」は3回目を数え、まさに「エアシー・バトル構想」に係る検証の集大成とも言うべき位置づけにあった。

　「グローバル・ウォーゲーム2014」の実施結果については、ゲームレポートとして公表されている[32]。「グローバル・ウォーゲーム2014」では、前回までの検討を基に、主としてA2/AD環境下における指揮・統制機構について検討を加え、新たな作戦要領について検証している。指揮・統制機構の主要構成要素として、情報構成部隊指揮官、継戦能力構成部隊指揮官、連合統合任務部隊、作戦領域間調整官が配置された[33]。

　A2/AD環境下における作戦とは、陸、海、空、宇宙、サイバー空間といった複数の作戦領域にまたがるものであり、作戦目的を達成するためには、より高度で広範な能力が必要とされる。したがって、現場において作戦を担当する部隊は、作戦目的や期日、場所、必要な部隊の能力等を踏まえて、同盟国やパートナー国とともに陸・海・空・海兵隊の最適な部隊によって構成される。それが連合統合任務部隊である。そして、連合統合任務部隊の作戦

---

31) U.S. Naval War College, Global 2012, https://usnwc2.usnwc.edu/Research---Gaming/War-Gaming/Documents/RAGE/Gaming/-Global-Title-X-Series/Global--2012.aspx.

32) U.S. Naval War College, NWC report reveals new joint defense needs, March 10, 2015, https://usnwc2.usnwc.edu/About/News/March-2015/NWC-report-reveals-new-joint-defense-needs.aspx.

33) U.S. Naval War College, Navy Completes Successful Global War Game 2014, September 13, 2014, http://usnwc2.usnwc.edu/About/News/September-2014/Navy-Completes-Successful-Global-War-Game-2014.aspx.

効率を上げるために、情報構成部隊と継戦能力構成部隊による常時適切な支援態勢の維持が不可欠である。このように連合統合任務部隊は、多国間協力による連合部隊と陸・海・空・海兵隊による統合部隊を適切に組み合わせることにより、いかに困難な A2/AD 環境下においても任務を遂行できるように考えられている。したがって、作戦領域におけるこれら多くの構成部隊間の意思統一を図るために、作戦領域間調整官が設けられているのである。

「グローバル・ウォーゲーム 2014」においては、平時から危機へとエスカレーションする状況下における実に多彩なシナリオに関して、その作戦要領の検証がなされている。考え得るあらゆるケースを含んだ演習を多くの時間をかけて繰り返すのが、130 年にも及ぶ米海軍大学の図上演習の強点である。

これらの検証結果をどのように評価するかは、その検証結果が実際に将来の作戦に直結することから極めて重要なことである。2013 年 9 月に実施された「グローバル・ウォーゲーム 2013」において、検証の判断基準が明らかになっており、「統合作戦アクセス構想」と米海軍大学統合軍事作戦部のベゴ（Milan Vego）教授の『統合作戦：理論と実践（Joint Operational Warfare: Theory and Practice）』[34]を基に、「努力の集中」、「柔軟性」「単純性」「弾力性」「作戦的統合」「作戦領域間相乗効果」が設定された[35]。

ここで特に重要視しなければならならないキーワードは、「弾力性」であろう。ベゴ教授の定義によれば、「弾力性」とは、あらゆる事態に、迅速、効果的に対応することであり、そこでは C4ISR（指揮、統制、通信、コンピュータ、情報、監視、偵察）能力の信頼性を確保することが死活的に重要である。また、現下の A2/AD 環境は予想を超えた厳しい非対称の安全保障環境を創出する可能性も否定し難く、C4ISR の優位が崩れた状況下における「弾力性」の保持もこれからは重要な論点となるであろう。

---

[34] Milan Vego, *Joint Operational Warfare: Theory and Practice,* U.S. Naval War College, September 20, 2007.

[35] U.S. Naval War College, Global 2013, https://usnwc2.usnwc.edu/getattachment/Research---Gaming/War-Gaming/Documents/Publications/Game-Reports/Global-13-Game-Report.pdf.aspx.

図上演習部長のデラボルペ教授によれば、「JAM-GC 構想」の将来について、「図上演習を通じて構想に関する検証は十分に行った。次は実際のシステムを使った各種実験と艦隊レベルの訓練を行うことにより、実際に使える作戦にしなければならない。」[36] と、構想・実験・訓練といった論理的プロセスの必要性を強調している。

　米統合軍は、中国の A2/AD 戦略が実際にいかなるレベルにあっても、「グローバル・コモンズ」への自由なアクセスを確保し、維持していくために、新たな「JAM-GC 構想」を掲げた。あらゆる事態に、「弾力性」をもって対応するために、実際に使えるようにするシステム化と訓練が必要なのである。「JAM-GC 構想」の将来とは、その構想を実際に運用していくため、システム化と訓練を通じて、さらに進化させることなのである。

第 4 節　JAM-GC 構想の本質と日本の役割

　最後に、アジア太平洋地域における中国の A2/AD 戦略と米国の「JAM-GC 構想」のせめぎあいのなか、「JAM-GC 構想」の本質と今後日本が採るべき役割について検討を加える。

　「JAM-GC 構想」の重要要素と将来に係る分析を踏まえれば、「JAM-GC 構想」の本質とは、A2/AD 環境下にあっても、米統合軍が、「グローバル・コモンズ」への自由なアクセスを確保することである。そのためには、「作戦領域間相乗効果」を最大発揮できるようにするシステム化と訓練が必要となってきているのである。図上演習部長のデラボルペ教授によれば、「自由なアクセスを確保するためには、同盟国やパートナー国との協力を深め、1 つの作戦領域のみならず他の作戦領域においても、より効率的な作戦をすべき。」[37] と、作戦領域間における協力の重要性を強調するとともに、同盟国の役割に大きな期待を寄せている。

---

36)　デビッド・デラボルペ（David DellaVolpe）、筆者によるインタビュー、於米海軍大学、2014 年 10 月 27 日。
37)　同上。

第 4 節　JAM-GC 構想の本質と日本の役割

したがって、アジア太平洋地域においては、特に日本の役割が高まっており、今後の日本にとって、具体的にどのように日米同盟の一層の深化を図るとともに、多国間協力を拡大していくかがより重要となってきているのである。そのひとつとして、米国が進める「JAM-GC 構想」に、日本がどのように関わっていくかが大きな課題のひとつである。

「JAM-GC 構想」に係る日本の課題を紐解く上で、米海軍大学中国海事研究所所属の識者による中国の A2/AD 戦略への対抗策が手掛かりとなるであろう。米海軍大学中国海事研究所内には、現時点で大きく 2 つの意見が存在する。

第 1 に、A2（Anti-Access）すなわち、「接近阻止」に重点をおくアプローチである。米海軍大学のヨシハラ教授は、現下の日本の厳しい防衛予算では、中国の急速な軍事的台頭についてゆくことはそもそも困難となりつつあるが、その中国の A2/AD 戦略に通常兵器をもって対抗するためには、中国が頼っている陸上センサーに対する艦艇、潜水艦、航空機等による攻撃、特にトマホークのような長距離巡航ミサイルが効果的であると指摘している[38]。さらに、ヨシハラ教授は、中国の A2/AD 戦略に対しては、日本も「日本的特徴をもった接近阻止戦略」を採用することを提唱し、具体的には、潜水艦戦、機雷戦、艦隊防衛、陸上基地からの海上攻撃が効果的と主張している[39]。

第 2 に、AD（Area Denial）すなわち、「領域拒否」に重点をおくアプローチである。米海軍大学中国海事研究所のエリクソン教授によれば、中国の A2/AD 戦略に対しては、「拒否的抑止戦略」を提唱し、原子力潜水艦や長距離巡航ミサイルを有効活用して補給線を断つべきであると主張している[40]。さらに、エリクソン教授は、中国は軍事的能力の重点を近海においており、

---

[38] Toshi Yoshihara, "Japanese Hard Power: Rising to the Challenge," *American Enterprise Institute for Public Policy Research,* August 2014, p. 5, 9.

[39] Toshi Yoshihara, "Going Anti-Access at Sea: How Japan Can Turn the Table on China," *Center for a New American Security Maritime Strategy Series,* September 2014, pp. 6-9.

[40] Andrew S. Erickson, "Deterrence by Denial: How to Prevent China From Using Force," *The National Interest,* December 16, 2013.

かつ中国の海洋法執行能力は急速に拡充されているため、近隣諸国による海洋法執行能力を向上させることにより、エスカレーションのリスクを軽減させることができると指摘している[41]。

また、そもそも中国の A2/AD 戦略そのものに疑問を呈する意見もある。米海軍大学のホームズ教授によれば、中国の戦略は A2/AD と言われるが、実質的には、「選択的接近拒否」であり、中国は、一定の海空域において必ずしも全面的に拒否することではなく、ある程度何らかの統制ができることを望んでいると指摘している[42]。

中国の A2/AD 戦略の現在はおろか、将来どのようになっていくか予測するのは難しい。また、中国の A2/AD 戦略に対して、A2 に重点をおくべきか、AD に重点をおくべきかに関しても、「グローバル・ウォーゲーム」等を通じて、一層の実際的な検証を踏まなければならないであろう。しかし、ここで気付くことは、これらの諸論に共通することとして、潜水艦と長距離巡航ミサイルの重要性である。日本の地理的特性を踏まえれば、日本が保有する最新鋭の「そうりゅう型」潜水艦や 12 式地対艦誘導弾を効果的に活用することが有効であろう。

「JAM-GC 構想」は、その多くを航空攻撃に依存するが、湾岸戦争やイラク戦争、そして昨今のイスラム国への対応を見ても、航空攻撃のみでは限界があることは自明である。すなわち、陸海空の統合と C4ISR 能力が不可欠なのである。日本が米国とともに、中国の A2/AD 戦略に対してゆく上で、「JAM-GC 構想」に欠けているものは、陸上兵力である。つまり、日本にとって、いかに陸上兵力を活用するかが、日米による「JAM-GC 構想」の鍵となるのである。これは、中国が進める「海を制するに陸を用いる」という考え方と同様の発想であり、米国の「JAM-GC 構想」とともに、今の日本にとって「統合シーランド・アプローチ」[43]による海上兵力と陸上兵力の

---

41) Andrew S. Erickson, "China's Near-Seas Challenges," *The National Interest,* January-February, 2014.
42) James Holmes, "China's Selective Access-Denial Strategy," *The National Interest,* December 3, 2013.
43) 下平拓哉「日米同盟の転換点―統合シーランド・アプローチ構想と日米同盟の深化

緊密な連携とC4ISR能力の維持が必要なのである。「JAM-GC構想」における日米一体化を進めること、これこそが平時から危機に至るまでシームレスに対応していくために不可欠なことであり、日米同盟の一層の深化の具体的な方策に他ならないのである。

　図上演習部長のデラボルペ教授は、「JAM-GC構想」における日本の役割について、「日本をはじめとする同盟国とともに実際に作戦が出来なければならない。そのためには、これまでのように、図上演習や訓練をともに行い、連絡官や幕僚を交換し合い、お互いの考えや能力を理解し合うことが重要である。」[44]と、実際の作戦における認識の共有と相互理解の重要性を指摘している。

　日本が多国間協力の拡大を進めていくためには、まずもって対話と図上演習と訓練により、基本的な価値観を共有する国やパートナーとなるべき国と安全保障環境の認識を共有し、相互理解を深め、信頼関係を積み重ねていくことが必要である。

おわりに

　米海軍大学のヨシハラ教授は、中国のA2/AD戦略に関して、「軍事的観点から見れば、日中間で弱者になっていくのは日本である。」「日本は、中国のあらゆる攻勢作戦に対して、もはや専守防衛で対応することはできない。」[45]と厳しい警告を発している。そして、「中国は、中国的特徴をもって海を支配する寸前まで来ている。」[46]と、アジア太平洋地域の最早予断を許さない安全保障環境を形容している。

　この中国のA2/AD戦略に対する「JAM-GC構想」の本質は、A2/AD環境下にあっても、「グローバル・コモンズ」への自由なアクセスを確保する

―」『海外事情』第60巻第7・8号（2012年7月）74頁。
44）　デラボルペ、筆者によるインタビュー、於米海軍大学、2014年10月27日。
45）　Yoshihara, "Going Anti-Access at Sea: How Japan Can Turn the Table on China," p. 12.
46）　Toshi Yoshihara and James R. Holmes, *Red Star over the Pacific: China's Rise and the Challenge to U.S. Maritime Strategy,* Naval Institute Press, 2010, p. ix.

ことである。それは、世界の平和と安定と繁栄のために不可欠なことである。

　しかし、現状をそのまま放置し静観してもアジア太平洋地域における安全保障環境が安定的に維持されると考えるのはあまりに楽観的であろう。将来にわたって、同地域の安全保障環境の安定を維持していくためには、日米同盟を一層強化した日米の一体化を進めるとともに、四面海に囲まれた海洋国家日本にとって、地理という不変的な特性を最大限に活用した陸上兵力と海上兵力の連携がこれまで以上に重要となってきているのである。中国のA2/AD戦略を目の前にして、米国が進めている「JAM-GC構想」を生かすも殺すも、日米一体化の促進と日本の努力如何であることを強く認識し直す必要があろう。

　戦略国際問題研究所上級顧問で『自滅する中国（The Rise of China vs. the Logic of Strategy）』で有名な戦略家であるルトワック（Edward Luttwak）によれば、「中国は軍事的冒険主義から危険な戯れを犯しやすい」と中国の不安定さを指摘している[47]。日本にとっても、世界にとっても、中国の自滅は大きな不安定要因である。アジア太平洋地域における安全保障環境の安定を維持するため、平素から日米が一体となって協働し、危険な戯れが生起しないように積極的な行動を示さなければならないのである。

---

47) Edward Luttwak, "China's Risky Flirtation with Military Adventurism," *The Wall Street Journal,* January 1, 2014; Edward Luttwak, *The Rise of China vs. the Logic of Strategy,* Belknap Press, 2012.

第 3 章　米海軍大学から見た
　　　　　アジア太平洋地域の危機
——日米同盟の意義と日本の新たな役割——

はじめに

　米海軍大学が所在するロードアイランド州ニューポートは、全米最小の州ながらも、マンションズが並び立つ高級避暑地である。風光明媚なナラガンセット湾は、米海軍にとって特別な意味を有する。米独立戦争（Revolutionary War）時の海軍揺籃期から高度に洗練された現代の海軍に至るまで、米海軍にとっては欠くことのできないアカデミックな場所なのである。

　米海軍は、19世紀末まで艦乗り養成は艦上でとの考えから、洋上での訓練に主眼をおいてきたが、1861年の南北戦争（American Civil War）を契機に、陸上における専門的な教育の必要性が指摘されるようになった。1881年、米海軍は、コースター・ハーバー島に用地を取得、1883年6月4日、米海軍初の教育隊が開設された。そして、1884年10月6日には、米海軍大学が設立され、「新スチール海軍（New Steel Navy）」の「知的指導者（Intellectual leader）」と呼ばれたルース（Stephen B. Luce）校長が就任した。

　ルース校長によると、「海軍大学は、戦争、戦争に係る政治的手腕、もしくは戦争予防に係るすべての問題に係る独自の研究をする場所である（"The War College is a place of original research on all questions relating to war and to statesmanship connected with war, or the prevention of war."）」[1]と定義している。

　そして、第2代校長は、不朽の名著で知られる『海上権力史論（*The Influence of Sea Power upon History, 1660-1783*）』をもってシーパワーの権威となったA. H. マハン（Alfred Thayer Mahan）が就任している。

---

1 ）　Available at www.usnwc.edu/

米海軍大学は、年間約600名、設立以来5万人もの卒業生を輩出し、世界各地で活躍している。これらの学生の教育と研究に当たる教授陣は、実に多様な安全保障分野の専門家からなり、その数は文官約200名、軍人約100名総勢300名を越えている。主に統合軍事作戦部（Joint Military Operations）、国家安全保障部（National Security Affairs）及び戦略・政策部（Strategy and Policy）に所属し、それぞれの課目を担当しているが、併せて主要な7つの地域研究グループ（Regional Studies Group: RSG）があり、部内外の様々な研究者と最新の議論を深めている。

また、机上の論理に留まることなく、あくまで現場の洋上における活動を重視する観点から、米海軍大学設立3年後の1887年には、図上演習（War Game）を実施している。歴史ある図上演習部（War Gaming Department）は、国際法部（Stockton Center for the Study of International Law）や海戦史部（Maritime History Department）、戦略作戦研究部（Strategic and Operational Research Department: SORD）とともに海戦研究センター（Center for Naval Warfare Studies: CNWS）に所属しており、海洋領域認識（Maritime Domain Awareness: MDA）や戦略的抑止（Strategic Deterrence）等、年間50を越える演習を手掛けている。

筆者は、米海軍大学連絡官兼客員教授として、研究・発信・教育に当たった。本章では、特に日本が位置するアジア太平洋地域の安全保障に精通し、現在の米政権にも多大な影響を与えているRSGのアジア太平洋研究グループ（Asia-Pacific Studies Group: APSG）部長のローリグ（Terence Roehrig）教授、インド洋研究グループ（Indian Ocean Studies Group）部長で、SORDの部長でもあるウィナー（Andrew C. Winner）教授、ヨーロッパ／ロシア研究グループ（Europe/Russia）部長のフェジズン（Thomas Fedyszn）教授、また、RSGとは別に、SORDに直属している中国海事研究所（China Maritime Studies Institute: CMSI）所長のダットン（Peter Dutton）教授、そして図上演習部長のデラボルペ（David DellaVolpe）教授にインタビューを試み、米海軍大学から見たアジア太平洋地域の最新の危機を明らかにする。

第1節　アジア太平洋地域における安全保障脅威

　アジア太平洋地域には、伝統的安全保障脅威と非伝統的安全保障脅威が混在し、同地域諸国の歴史的文化的背景も大きく異なることから、国際秩序の構築は容易ではない。まず、アジア太平洋地域における安全保障上の最大関心事について、各教授に意見を聴取した。

　アジア太平洋研究グループのローリグ教授によれば、「第1に、中国の台頭そのものはまだ問題ではなく、むしろ偶発的なエスカレーションが大きな紛争を招く危険性がある。尖閣問題を含み、台頭する中国とともに、長い視点を持って管理していく必要がある。そして、紛争が生起することはどちらの国益にもならないとの認識の下に、平和的解決を目指すための協力し合う環境を作るべきである。第2に、北朝鮮における諸問題である。核開発、弾道ミサイル、国内政治、経済等様々な分野において解決が容易でない問題が多く、さらに現在の国内態勢の崩壊はより混迷度を増す可能性を孕んでいる。第3に、気候変動と経済発展である。この問題はアジア太平洋地域全体で考えていかなければならないグローバルな問題であり、特に環境汚染や漁業問題等は、協力して適切な管理を促し、併せて国際紛争の予防に貢献させるべきである。」[2]と述べている。

　次に、インド洋研究グループのウィナー教授によれば、「アジア太平洋地域には2つの大きな脅威がある。それは大国間競争と国境を越える問題である。第1の大国間競争については、同地域の大国は米国、日本、中国、インドであり、核を保有し中国との関係が深いパキスタンも大国と言える。米国は、同盟国とともに、これらの国々とその周辺国との関係を強める必要がある。特に、フィリピンやタイ、オーストラリア等が重要であるが、中国との関係から、フィリピンとの関係が最重要である。第2の国境を越える問題については、人為的なものと自然的なものがある。人為的にはテロ、海賊対処、武装強盗、密輸、大量破壊兵器の拡散、そして自然的なものとしては、

---

[2]　テレンス・ローリグ（Terence Roehrig）、筆者によるインタビュー、於米海軍大学、2014年8月14日。

地震、津波、国境を越えた難民問題等があり、その双方とも非常に大きな問題である。」[3] と説明している。

　ヨーロッパ／ロシア研究グループのフェジズン教授によれば、「台頭する中国の強硬さが最大懸念である。中国は、ベトナム、フィリピン、台湾、そして日本それぞれに対し、自己の主張を強めている。アジア太平洋地域の中で、ロシアは第2のプレイヤーと見ることができ、米中どちらの側にも立つことができる。特に海軍関係においては、日中インド等、どちら側にも広く交流を進めている。しかし、地政学的には中国に対して潜在的脅威を感じている。」[4] としている。

　CMSI所長のダットン教授によれば、「アジア太平洋地域における最大の問題は、台頭する中国のパワーであり、そのパワーをどのように使おうとしているかであり、強制的な実行は国際的な安定を揺るがそうとしている。とりわけ、台頭する中国の海洋パワーには2つの特徴がある。1つは、積極的な貢献であり、遠海において海洋の安定を図ろうとしている。もう1つは、東アジアにおける安定を破壊するものである。最も懸念することは、中国が近海において支配する試みによって米国や近隣諸国に高圧的な行動をとることである。」[5] との懸念を示している。

　図上演習部長のデラボルペ教授によれば、「アジア太平洋地域における最大の問題は、南シナ海における中国、ベトナム、マレーシア、フィリピンの4か国からなる不安定要因と、東シナ海における中国と日本との不安定要因である。中国は、自己主張を強めており、安定した現状維持の状況を意図的に変更させようとしている。したがって、この2正面で予期せずに不安定な紛争が生起する潜在的な可能性がある。また、兵器の近代化に伴い、現代戦争の特徴の1つであるエスカレーションが急激であることに注意する必要が

3） アンドリュー・ウィナー（Andrew Winner）、筆者によるインタビュー、於米海軍大学、2014年8月11日。
4） トーマス・フェジズン（Thomas Fedyszn）、筆者によるインタビュー、於米海軍大学、2014年8月14日。
5） ピーター・ダットン（Peter Dutton）筆者によるインタビュー、於米海軍大学、2014年8月25日。

ある。第2の問題点は、北朝鮮である。国内的に多くの問題を孕んでおり、グローバルな視点に欠けていることが問題である。また、北朝鮮は挑発的な行動をとりやすく、近代的兵器も有していることから、事態が悪化する潜在的危険性を有している。」[6]としている。

　様々な視角からのインタビューの共通項を見出すことは容易ではないが、少なくともこれらのインタビューを通じて判ることは、台頭する中国の高圧的な主張や行動に対する懸念とアジア太平洋地域に存在する多様なアクターによる複雑化である。第1の中国に関しては、アジア太平洋地域の安全保障を考える上での最大関心事であることに間違いなく、同地域の平和と安定を維持していく上での最大の障害が中国の高圧的な主張と行動であろう。そして、第2の多様なアクターに関しては、同地域には、中国のみならず、ロシア、北朝鮮、インド等、多様なアクターが存在し、またそれぞれが容易に解決することが難しい問題を孕んでいるため、同地域の安全保障上の問題を一層複雑化させていることが判る。

第2節　日米同盟の意義

　次に、これらアジア太平洋地域における安全保障上の最大関心事に対して、日米同盟がどのように対応すべきか各教授の意見を聴取した。

　アジア太平洋研究グループのローリグ教授によれば、「日米同盟の意義は、様々あるが、その第1は、日米がより協力関係を深めつつ、多国間枠組みを進展させ、国際的な合意を促すことである。第2に多国間枠組みのなかに中国を含めることである。日米がより協力を深め、中国を封じ込めるのではなく、緊張が生じないように、長い時間をかけて安全保障環境を改善させる必要がある。特に、日本にとっては、歴史問題が障壁となることが考えられるが、政治外交的問題と歴史問題は切り離して議論されるべきものである。また、アジア太平洋地域における複雑化する安全保障問題を解決することは容

---

[6]　デビッド・デラボルペ（David DellaVolpe）、筆者によるインタビュー、於米海軍大学、2014年8月13日。

易ではないが、日米が中心となって、多くの選択肢を有していくことが安全保障上の問題を適切に管理していく上で極めて重要なことである。」[7]と、貴重な見解を披歴した。

　インド洋研究グループのウィナー教授は、「直接的なアプローチと間接的なアプローチの2つがある。まず、直接的なアプローチとしては、大国間競争に対抗するための同盟関係の強化である。特に、軍・軍関係の強化が重要であるとともに、あらゆるレベルにおいて対話を重ね、相互理解を深める必要がある。特に、日米間で脅威認識を共有し、それぞれがどのように対応するのか合意を得ておくことが重要である。そして、日米同盟が強固でかつ隙間がないことを中国に認識させることが、中国に誤解をさせない上で何よりも重要なことである。」「次に、間接的なアプローチは、長期的とも曖昧とも言えるものである。アジア太平洋地域における安全保障脅威としての大国間競争と国境を越える問題に対応するためには、協力関係が重要であり、その協力関係を通じて相互理解を深め、偶発的な紛争機会を極力少なくすることが重要である。どのような協力メカニズムがいいのかは、非常に難しい問題ではあるが、現在存在している東南アジア諸国連合（ASEAN）やインド洋海軍シンポジウム（IONS）の他、第151連合任務部隊（CTF151）やNATOといったアデン湾における海賊対処枠組みも1つのモデルを提供してくれるかもしれない。」[8]と述べた。

　ヨーロッパ／ロシア研究グループのフェジズン教授によれば、「最も簡単で最適な選択肢は、これまで築いてきた強固な日米同盟関係を最大限に誇示することである。米国にとって、アジア太平洋地域における最大のパートナーは日本であるが、その他にも台湾やフィリピン、ベトナム等、良いパートナーを探す必要がある。日本は、経済的にも軍事的にも傑出し、洗練されている。日米関係及び日米海軍関係は、より正常な関係を目指す必要があ

7）　テレンス・ローリグ（Terence Roehrig）、筆者によるインタビュー、於米海軍大学、2014年
8）　アンドリュー・ウィナー（Andrew Winner）、筆者によるインタビュー、於米海軍大学、2014年8月11日。

る。」9) とした。

　CMSI 所長のダットン教授によれば、「日米同盟には、政治的な側面と軍事的な側面の2つの目的がある。政治的には、広範な様々なパートナーシップ関係の基盤である。特に、東シナ海や南シナ海における台頭する中国の海洋パワーに対するカウンターバランスをとることである。軍事的には、東シナ海や南シナ海における日米のアクセスを確保するために不可欠な技術的な関係である。このような目的を有する日米同盟は、アジア太平洋地域の平和と安定を確保するために不可欠なグローバル安全保障システムである。」10) と、主張している。

　図上演習部長のデラボルペ教授によれば、「これまで、強固な日米同盟関係を築いてきたが、海上幕僚監部、自衛艦隊、第7艦隊、太平洋艦隊等が、常にともに働き、連絡を取り合い、訓練することが重要であり、『熟練した相互作用（Proficiency Interaction）』とも言うべきものが必要である。その一つが連絡官（Liaison）の派遣であろう。関係の段階は、①衝突防止（de-conflict）、②協力（cooperation）、③同期（synchronization）、④統合（integration）に分けることができる。日米は、それぞれの強点で統合した最高の部隊をともに作るべきだ。」11) と強調している。

　これらのインタビューを通じて判ることは、日米同盟の一層の強化の必要性と日米同盟における軍事組織の役割の重要性である。第1に、日米同盟の一層の強化に関しては、これまで築いてきた強固な関係を評価しながら、一層の強化の可能性と有効性を認めている。日米同盟の一層の強化は、パートナー国との関係にも相乗効果をもたらし、アジア太平洋地域における複雑かつ混迷化する安全保障問題を解決していく上で多くの選択肢を生む可能性を有しているのである。第2の軍事組織の役割の重要性に関しては、伝統的安

---

9) トーマス・フェジズン（Thomas Fedyszn）、筆者によるインタビュー、於米海軍大学、2014年8月14日。
10) ピーター・ダットン（Peter Dutton）、筆者によるインタビュー、於米海軍大学、2014年8月25日。
11) デビッド・デラボルペ（David DellaVolpe）、筆者によるインタビュー、於米海軍大学、2014年8月13日。

全保障脅威と非伝統的安全保障脅威が混在するアジア太平洋地域においては、平素からの軍事組織の役割に大きな期待がかかっているのである。

第3節　日本の新たな役割

　最後に、アジア太平洋地域において、日本に期待する安全保障上の役割について、各教授に意見を聴取した。

　アジア太平洋研究グループのローリグ教授によれば、「日本に期待すべき安全保障上の役割は、憲法があるために非常に難しい問題である。しかし、昨今の集団的自衛権に係る閣議決定やPKO、海賊対処活動等を見てわかるように、日本の国際的役割は確実に増している。アジア太平洋地域に留まらず、国際的な役割に積極的に乗り出すべきであるが、その際、継続的な関与と緩やかな変化が必要である。国際的な合意を得つつ、国際的役割を果たしていくためには、調整のためのゆっくりとした時間がかかることを認識すべきであろう。」[12] とのことである。

　インド洋研究グループのウィナー教授によれば、「様々な協力メカニズムを模索していくなかで、米国がすべてを主導することはできないので、日本が主導して協力関係を深化させることができることを示す役割が特に大きい。そして、日本の積極的な協調的行動を他国も見習うようになることが、アジア太平洋地域の協力関係のあるべき姿となるであろう。日本にはそれだけの能力があるので、協力関係を主導することを示し、偶発的なエスカレーションを防ぐべきである。それも、海上保安庁や税関等も含めた全政府アプローチで主導していくことが、日本によっての重要な第一歩である。このような役割を主導する日本と支援する米国との『サポーティング・サポーテッド』関係があるべき日米同盟の姿である。」[13] と主張している。

---

[12]　テレンス・ローリグ（Terence Roehrig）、筆者によるインタビュー、於米海軍大学、2014年8月14日。

[13]　アンドリュー・ウィナー（Andrew Winner）、筆者によるインタビュー、於米海軍大学、2014年8月11日。

ヨーロッパ／ロシア研究グループのフェジズン教授によれば、「日本はその経済力に見合った軍事的貢献を進めるべきである。つまり、世界的な貿易や自由な航行にその繁栄の礎をおいているゆえに、より国際的な安全保障活動を展開すべきである。日本は紛れもなく、大きな地域的パワーであるが、グローバルパワーにもなる必要があるであろう。」[14]と、日本のグローバルな貢献に期待している。

　CMSI 所長のダットン教授によれば、「アジア太平洋地域の安全と安定を確保するために、十分かつ完全なパートナーシップ（Full Complete Partnership）にしなければならない。」[15]と、日本の十分かつ完全な役割を示唆している。

　図上演習部長のデラボルペ教授によれば、「日本は、アジア太平洋地域における経済的、外交的、そして軍事的な大国である。特に海軍力に関して、一流である。これまで憲法等の制約で内向きではあったが、国際社会の平和のために、防衛的役割を担い、それに必要な能力を保持すべきである。また、自国領土の防衛に関しては、平和な現状を維持するためには、どのような行動をとるかを明確に主張し、行動すべきであり、それが抑止にもなる。平時に戦争に備えた準備をしなければならない。それが抑止であり、そうでなければいざという時には間に合わないものである。」[16]と、日本の十分な準備に期待している。

　これらのインタビューを通じて判ることは、日本は国力に見合った国際的役割を担わなければならないということであり、それはつまり、日本が主導できる安全保障分野において積極的に主張し行動することが求められているのである。筆者は、予てから日本が主導すべき安全保障分野として、人道支援／災害救援活動等の「戦闘行為を伴わない軍事活動（Non Combat Military

---

14）　トーマス・フェジズン（Thomas Fedyszn）、筆者によるインタビュー、於米海軍大学、2014 年 8 月 14 日。
15）　ピーター・ダットン（Peter Dutton）、筆者によるインタビュー、於米海軍大学、2014 年 8 月 25 日。
16）　デビッド・デラボルペ（David DellaVolpe）、筆者によるインタビュー、於米海軍大学、2014 年 8 月 13 日。

Operation: NCMO）」を提唱しているが[17]、まさに今、これらのことが日本に求められていることである。

おわりに

　今回、米海軍大学を代表するアジア太平洋地域の安全保障専門家へのインタビューを通じて感じた米国から見た「視点」とは、アジア太平洋に位置する日本とは異なる温度差を感じながらも、台頭著しい中国への冷静かつ実践的な分析眼と、その上での同盟国間の強い絆の存在と日本への期待の大きさであった。

　2014年7月に着任した特殊作戦部隊出身で初の第55代米海軍大学校長に就任したハウ（P. Gardner Howe II）少将のモットーは、「決してあきらめない（Never quit）」であり、着任早々筆者に米海軍大学と防衛省・自衛隊との関係をより一層深める必要性を語った[18]。アジア太平洋地域の安全保障を担う日米、なかんずく防衛省・自衛隊と米海軍の関係を深化させていく上で、あらゆるレベルにおける戦略的で知的な人間関係構築は喫緊の課題である。

　その第一歩は、日米相互に連絡官やフェロー、教官等を配員し、相互の強点向上と弱点補強に努めることである。そして、日本が掲げる国際協調主義に基づく「積極的平和主義」に進んで貢献していくためには、日本の防衛を担う防衛省のシンクタンクである防衛省防衛研究所と図上演習等において多くの知見を有する米海軍大学との研究交流を一層深めることが必要となってきている。

---

17) 下平拓哉「多国間協力時代の海上自衛隊」『海外事情』第61巻3号、2013年3月、122-125頁。
18) ガードナー・ハウ（P. Gardner Howe III）、筆者によるインタビュー、於米海軍大学、2014年7月8日。

第 4 章　中国の海洋戦略と防衛省・自衛隊の役割
―― 非伝統的安全保障分野における挑戦 ――

はじめに

　米外交問題評議会（Council on Foreign Relations）のエコノミー（Elizabeth C. Economy）女史によれば、興隆著しい中国は、国際機関においてより大きな影響力を確保し、国際社会のゲーム・ルールそのものを書き換える「ゲーム・チャンジャー（Game Changer）」[1]になる可能性があると警鐘を鳴らしている。その中国が、2011 年 3 月 31 日の『2010 年版中国の国防』において、独立自主の平和外交政策と防御的な国防政策を主張し、ことさら国連平和維持活動、海賊対処、反テロ協力、災害救援等の「戦争以外の軍事作戦（Military Operation Other Than War: MOOTW）」（以下、MOOTW と言う。）に努めているとしていることは注目すべきことである[2]。

　本章では、まず伝統的な大陸国家である中国が海洋国家化している特徴を踏まえ、中国の海洋戦略を明らかにした上で、特に非伝統的安全保障分野における活動が活発化している中国海軍の最近の戦略的特徴を分析し、その動向に応ずるため、防衛省・自衛隊が果たすべき役割について検討を加えるものである。

---

1 ）　Elizabeth C. Economy, "The Game Changer: Coping With China's Foreign Policy Revolution," *Foreign Affairs,* Vol. 89, No. 6, November/December, 2010, pp. 142-152. また、新太平洋研究所（New Pacific Institute）のホッパー（Craig Hooper）らによれば、中国が多目的な軍事力を投射することにより、太平洋における「真のゲーム・チェンジャー（Real Game-Changer）」になる可能性があるとしている。(Craig Hooper and David M. Slayton, "The Real Game-Changers of the Pacific Basin," *Proceedings,* Vol. 137/4/1, 298, April 2011, p. 42.)

2 ）　「2010 年中国的国防（新華社電）」『解放軍報』2011 年 4 月 1 日、http://news.xinhuanet.com/politics/2011-03/31/c_121252219.htm. 前回（08 年版）から 2 年振りで、1998 年以来 7 回目である。

第1節　海洋国家を目指す中国

　中国は、1993年に4隻のキロ型潜水艦、1996年に4隻のソブレメンヌイ級駆逐艦をロシアに発注する等、1990年代に入って海軍の近代化を急速に進めている[3]。また、近年、中国の軍事的活動が一層活発化していることも看過することができない。1974年のパラセル諸島支配、1995年のミスチーフ礁占拠以降、比較的平穏な状況が続き、2002年11月には「南シナ海における関係国の行動に関する宣言」がまとめられた。しかしながら、2009年以降、中国は再び南シナ海において強引な行動をとり、国際舞台における発言においても、自己の立場を強く主張する傾向が顕著になってきている。2009年5月の南シナ海における米情報収集船「インペッカブル（USNS Impeccable）」に対する妨害活動、2010年5月の戴秉国国務委員による「核心的利益」発言、6月には、海軍艦艇約10隻が沖ノ鳥島周辺海域に進出し射撃訓練を実施、9月の南シナ海におけるベトナム漁船拿捕と尖閣諸島周辺海域における中国漁船と海上保安庁巡視艇との衝突事件への強硬な対応、そして2011年5月には、中国監視船がベトナム資源探査船のケーブル切断等が挙げられる。これらを分析した米海軍大学中国海事研究所所長のダットン（Peter Dutton）教授は、中国の目的を、地域統合、資源管理、安全保障強化の3点にあると整理しており[4]、中国のアジア太平洋地域に対する影響力は確実に高まっていると認識できる。

　また、南シナ海にとどまらず尖閣諸島をめぐる活動も活発化しており、日中軍事衝突のおそれの分析やシミュレーションまでも活発に論議されている[5]。このように、中国の興隆が現実の問題として突き付けられている。現

---

3) 1990年にルフ型（Type 052）駆逐艦及びジャンウェイⅠ型（Type 053H2G）フリゲート艦、1991年に宋級（Type 039）潜水艦の建造を開始している。(Ronald O'Rourke, *China Naval Modernization: Implications for U.S. Navy Capabilities-Background and Issues for Congress,* CRS Report for Congress, October 17, 2012.)

4) Peter Dutton, "Three Disputes and Three Objectives: China and the South China Sea," *Naval War College Review,* Vol. 64, No. 4, Autumn 2011, pp. 55-58.

5) James R. Holms, "The Sino-Japanese Naval War of 2012," *Foreign Policy,* August 20, 2012; James R. Holmes, "Rock Fight," *Foreign Policy,* September 28, 2012.

下の国際システムは、政治的、経済的及び軍事的なグローバル・パワーが分散、拡大しているが、特に、中国の興隆が、容易には見定められない国際秩序に大きな影響を与え続けている。中でも、アジア太平洋地域において、接近阻止・領域拒否（Anti-Access/Area Denial: A2/AD）（以下、A2/AD と言う。）能力を有する中国の海洋における挑戦が、現在もそして近い将来においても、大きな影響力を及ぼすことが予想される[6]。

米海軍大学のエリクソン（Andrew Erickson）教授らは、中国のような伝統的大陸国家が、如何にして海洋国家への転換を果し得るかということをテーマとして、「大陸国家が海洋を目指す時（When Land Powers Look Seaward）」を著した[7]。その概要は、次のとおりである。

大陸国家から海洋国家への転換は、大昔からしばしば試みられてきたが、成功した例は殆どない。しかし、中国は、数世紀振りに、有利な条件下で海軍の近代化を本格的に進めている。冷戦終結とソ連崩壊により、中国は、最早、国境線における脅威に直面することはなくなり、その代わりに、海洋領域への転換が最も重要な安全保障上の関心事となった。そして、中国海軍は、強力な A2/AD 能力を有する地域海軍力になりつつある[8]。

経済成長著しい中国にとって、海外との貿易はより重要性を増しており、海上交通路の安全確保のための海軍力の充実、地上基地における DF-21D 対艦弾道ミサイル等のミサイル配備等を進めることによって、海洋を支配する様相を呈していることが分かる。

また、エリクソン教授は、中国とその他の大陸国家が海へ進出を試みた歴史を調べ、そこにいくつかの普遍的な教訓があることをまとめている。第 1 に、地理条件が重要であること。大陸国家は、一般に、その地理的条件から不利益を蒙ってきた。そして、その動かしようのない地理的不利から脱却すべく、中国は万里の長城や三峡ダムのような野心的で戦略的なプロジェクト

---

6) Milan Vego, "China's Naval Challenge," *Proceedings,* Vol. 137/4/1, 298, April 2011, p. 40.
7) Andrew Erickson, Lyle Goldstein, and Carnes Lord, "When Land Power Look Seaward," *Proceedings,* Vol. 137/4/1, 298, April 2011, pp. 18-23.
8) Ibid., pp. 21-22.

に度々挑戦してきた。中国は、合理的に見て多くの点で海洋を利用する利点を有しているが、中国と海で接する全ての近隣諸国と未解決の問題も抱えている。

　第2に、海洋国家への転換は、困難かつ危険な過程であり、これを十分に成し得た近代大陸国家はない。歴史上、海洋国家への転換に成功したのは、ペルシャとローマだけである。これらの場合でも、帝国は、もとの大陸国家としての痕跡を残しており、少なくともある程度は、一度大陸国家であったものは、常に大陸国家である。ペルシャも、海軍を攻撃的な手段としては実際には使用せず、後方支援等に充当したのに過ぎない。

　第3に、地理的な条件の他に、経済的要素も重要である。天然資源とそれを利用した生産によって生じた富は、人口レベルを維持し、財政的資源と産業技術の組み合わせと相俟って軍事的能力になる。ペルシャは、大きな富が大海軍を獲得できることを初めて示した。中国は、資源とこのような資源配分を可能とする能力を有しており、強力な経済的基盤とともに包括的な国力がある。海軍の発展に関する長期的な取り組みは、経済的にも合理的である。

　第4に、国家の戦略的見通しである。これは、国際的及び国内的考察によって形成されるものであり、一義的には政権存続の問題である。複数の対立する問題に対する場合は、国家としてバランスを保ち、戦略目標の優先順位を決めることが難しい。中国の場合、長く続いてきた大陸主義者達の国内安定への執心が、昨今の経済発展によって徐々にバランスが保たれ、偉大な力となって屈辱の世紀を払拭し、中国を正当な位置に戻そうとするであろう。

　第5は、リーダーシップである。これは恐らく、海洋国家への転換を活性化する或いは欲求不満に陥らせる最も重要な要素である。鄭和（Zheng He）を活性化し、清の改革者達を欲求不満に陥らせたし、劉華清上将（Admiral Liu Huaqing）は、鄧小平（Deng Xiaoping）の支持を得て、中国海軍の地位を段階的に向上させた。中国は、通商の保護と海上交通路の重要性に関わるマハンの考えを高く評価し、長い歴史の中のいつの時代よりも、海洋国家への転換に対して好意的である。しかし、反対に作用する要素も残っている[9]。

このような大陸国家が海洋国家化することは難しいことについての歴史的な分析を通じ、海洋国家化の条件の内、中国が地理や経済、国家戦略、リーダーシップという重要な点において好条件下にあることが分かる。

さらにエリクソン教授は、海洋国家への転換を最終的に成功させるためには、海軍戦略（naval strategy）と作戦術（operational art）の具現化が必要であるとしている。大抵、大陸国家は、海洋国家に適合することはできず異なる取り組み方をする。オスマン帝国は、地中海の島々を獲得するために水陸両用作戦を実施した。これを中国に当てはめれば、台湾、澎湖諸島（Penghus）、金門島（Jinmen）及び馬祖列島（Mazu）を除く全ての島々から国家主義者を追放した1949年から1955年の中国国内における軍事作戦に相当するであろう。中国独自の状況を踏まえれば、海洋国家化を成功するかもしれない。中国は、明らかに海に向かっているのである[10]。

以上がエリクソン教授らの分析であるが、これまで海洋国家化を試みた大陸国家は、概して失敗してきたが、中国は、海洋国家化の具体策として、水陸両用部隊を整備し、DF-21D等の弾道ミサイルを配備していることは見逃せなく、まさに「海を制するに陸を用いる（using the land to control the sea）」という取り組みを象徴している[11]。

中国の海洋国家化は好条件下にあり、確実な進展が認められる。そこで重要視されるのは不変的な地理の活用と戦力投射能力である。その点でも特に顕著なのが水陸両用作戦能力と戦力投射のためのDF-21Dであることが分かる。この現実は、日本にとって避けては通れない問題である。ダットン教授が指摘するとおり、興隆する中国が成長し続けるためには、資源確保のために、安全保障能力を強化し、アジア太平洋地域に影響力を維持することが必要なのであり、まさにそれが現実化しているのである。

---

9) Ibid., pp. 22-23.
10) Ibid., p. 23.
11) Andrew S. Erickson and David D. Yang, "Using The Land To Control The Sea?: Chinese Analysts Consider the Antiship Ballistic Missile," *Naval War College Review,* Vol. 62, No. 4, Autumn 2009, pp. 53-54.

第 2 節　中国の海洋戦略

　中国海軍研究の大家である平松茂雄は、南シナ海、東シナ海に進出する中国の国家戦略を長年にわたって分析し、1970 年代から進められた中国の海洋進出の基礎となる政策的概念として「戦略的辺疆」という考え方に基づいていると結論づけている。戦略的辺疆とは、国家の軍事力が実際に支配している国家利益と関係ある地理的範囲の限界と定義し、領土・領海・領域に制約されず、総合国力の変化に伴って変化するものとしている[12]。ここで注意しなければならないことは、地理的な位置に拘ることなく、軍事力が実際に支配している地域といった流動的なものを、国境の概念として有していることである。

　この概念が、どの程度現在も反映されているかは定かではない。残念ながら、近年の中国海軍の分析はなされておらず、特に、米国防総省が 2010 年 2 月に提出した『四年毎の国防計画の見直し（Quadrennial Defense Review: QDR2010）』に言及されている中国の A2/AD 能力を踏まえたものとはなっていない[13]。しかし、過去の南シナ海、東シナ海における活動の実態は間違いなく真の中国の姿を現しているのである。したがって、以下、最近の中国の海洋戦略については、長く海上自衛隊の現場を支えてきた実務者の香田洋二と金田秀昭の言を見てみることとする。

　香田洋二は、安全保障懇話会誌『安全保障を考える』に「古典に学ぶ：マハンの教義の歴史的意義と中国の海洋進出」をまとめている[14]。そこでは中国の海洋進出と海軍建設は強引とも言え、マハンの教義の限界を認めたからこそ、非正規・非対称戦を選んだとし、A2/AD もその延長戦上にあると

---

[12]　平松茂雄『中国の安全保障戦略』勁草書房、2005 年、101 頁。平松は、建国以来の中国海軍建設の歴史を調べ、中国の海洋戦略を明らかにするとともに、特に南シナ海、東シナ海における軍事的活動を詳細に分析し、国家における海軍の位置づけを明らかにしている。（平松茂雄『甦る中国海軍』勁草書房、1991 年、平松茂雄『中国の海洋戦略』勁草書房、1993 年、平松茂雄『中国の戦略的海洋進出』勁草書房、2002 年）。

[13]　U.S. Department of Defense, *Quadrennial Defense Review Report*, February 1, 2010.

[14]　香田洋二「古典に学ぶ：マハンの教義の歴史的意義と中国の海洋進出」『安全保障を考える』第 688 号、2012 年 9 月。

している。そして、平時のパワーゲームで時間を稼ぎながら、黙々と海軍建設に努めるマハン以上のマハニアンに豹変するかもしれないと警鐘を鳴らしている。

　また、金田秀昭は、『海外事情』に「中国の海洋戦略―強引に海洋侵出する中国への備え―」をまとめている[15]。そこでは、中国海軍は外洋海軍へ脱皮しつつあり、強引に海洋へ侵出することにより、海洋覇権を目指し、マハニズムを達成するとしている。

　両者に共通することは、第1に中国は自己の国益に基づいて、海洋に強引に進出していること。そして第2に、合わせて行動の論拠を整備していることである。

　1993年に石油輸入国に転じた中国は、2017年までには世界最大の石油輸入国になるとも言われている。これらの海上交通路を確保するためにも、中国はますます海洋へ進出してくるのは明白であり、その手法は歴史的に見れば、軍事力を使用した強引なものであるが、論拠を押さえた賢明なものであることに注意を払う必要があるであろう。

第3節　中国海軍戦略の特徴

　2011年8月、米国防総省が発表した『中国の軍事力・安全保障の進展に関する年次報告書（Annual Report to Congress: Military and Security Developments Involving the People's Republic of China 2011）』[16]と2011年11月に、米中経済安保調査委員会がまとめた『米中経済関係の安全保障に及ぼす影響（Report to Congress of the U.S.-China Economic and Security Review Commission）』[17]に共通して強調されていることは、米国が長きにわたって支配してきたアジア

---

[15]　金田秀昭「中国の海洋戦略―強引に海洋侵出する中国への備え―」『海外事情』第61巻1号、2013年1月。

[16]　U.S. Department of Defense, *Annual Report to Congress: Military and Security Developments Involving the People's Republic of China 2011.*

[17]　*2011 Report to Congress, U.S.-China Economic and Security Review Commission*, November 2011.

太平洋地域の海洋において、中国が挑戦し始めていることである。

　英国際戦略研究所（International Institute for Strategic Studies: IISS）は、2010年に中国海軍戦略に関する興味深いレポート「中国の3点海軍戦略（China's Three-Point Naval Strategy）」をまとめ、中国海軍の近年の戦略的特徴として、抑止効果を備えた軍事演習、遠隔地への戦力投射、そして、軍事交流の3つを指摘している[18]。

　この3つの特徴に共通することとして、IISSが特筆していることは、遠隔地への戦力投射であり、特に非伝統的安全保障分野において活発化していることである。中国は国連平和維持活動に積極的に参加してきており、2008年12月以降は、アデン湾における海賊対処にも艦艇を派遣している。派遣当初は、補給することなく任務についていたが、現在では、ジブチやサラーラ（オマーン）、アデン（イエメン）等に寄港し、補給も実施している。これらの活動を通じて、中国はMOOTWの意義を、兵士の訓練と装備の試用の機会にあると捉えている。

　そして最後に中国は地域の戦略的抑止力を発揮しつつ、作戦行動の経験を積み、2国間及び多国間関係を強化しており、台湾問題のみならず、東シナ海や南シナ海における領有権問題においても強大化しつつある海軍力を行使するようになるであろうと結論づけている。

　以上がIISSの分析であるが、このような中国の海軍力の積極的な行使に対しては、それが国際規範に則り、不安定化せずに国際的な合意が得られるように注視していく必要がある。

　さらに、米海軍大学のエリクソン教授は、オンライン外交専門誌『ザ・ディプロマット（The Diplomat）』に「中国の真の外洋海軍（China's Real Blue Water Navy）」を著し、中国が「2層の海軍（a two-layered navy）」を目指しているとの興味深い論を展開している[19]。これは中国が、近海におけるハイ

---

[18]　The International Institute for Strategic Studies, *China's Three-Point Naval Strategy*, October 2010.

[19]　Andrew Erickson and Gabe Collins, "China's Real Blue Water Navy," *The Diplomat*, August 30, 2012.

エンド、近海を越えたところでのローエンドを目指しているというものであり、限定的な遠征能力を保有し、強力な地域海軍を建設することを目指していると指摘している。

これらから中国の海軍戦略は、まさに、地域に応じた海軍力の戦力投射にあると考えることができ、それも非伝統的安全保障分野に参加することによって、訓練を積み重ね、確実に実力をつけているのである。

米海軍のコステカ（Daniel J. Kostecka）上級分析官は、中国海軍の空母や強襲揚陸艦に注目し、その将来的な運用について分析を加え、「フロム・ザ・シー（From the Sea）」を著した[20]。その概要は、次のとおりである。

そこではまず、伝統的安全保障任務と非伝統的安全保障任務にどのように空母や強襲揚陸艦といったプラットフォームを利用するのかについてまとめている。中国は、空母や強襲揚陸艦というものを、地域紛争における戦闘任務に加えて非伝統的安全保障任務のための重要なプラットフォームとして見なしている。非伝統的安全保障活動は、中国海軍にとって「中国脅威論」を煽ることなく、東アジア以遠での作戦を実施する良い機会でもあり、MOOTWは、訓練する最適な場の1つである。非伝統的安全保障任務には、海上における対テロ活動、大量破壊兵器の海上輸送阻止、海上における平和維持活動、人道支援／災害救援（HA/DR）活動、非戦闘員退避活動（NEOs）、海賊対処等がある。

そしてその顕著な事例として、HA/DR活動を挙げている。2004年12月のスマトラ沖大地震の際、米国や日本、インド、タイ等が人道支援のために海軍を展開させたのに対し、中国は適当なプラットフォームを有しなかったため、脇に追いやられ、屈辱を味わった。今後、中国が空母や揚陸艦を運用するようになれば、東アジアやインド洋においてHA/DR活動に従事することとなるであろう。HA/DRのためにインド洋へ中国海軍の揚陸艦を配備しても、中国脅威論は高まらず、また、中国海軍は国際社会から承認される形でその地域でのプレゼンスを確立することができるからである。さらに重要

---

[20] Daniel J. Kostecka, "From the Sea: PLA Doctrine and the Employment of Sea-Based Airpower," *Naval War College Review,* Vol. 64, No. 3, Summer 2011, pp. 10-30.

なことは、中国は空母と近代的な揚陸艦が有する柔軟性に着目しており、これらを多様な任務を達成するために、空母等を様々な伝統的及び非伝統的安全保障任務に使用するということである。

以上がコステカの分析であるが、中国の空母と揚陸艦の運用を考える上でも、実態として伝統的安全保障分野と非伝統的安全保障分野の区別が難しく、もしくは区別することが意味のないものとなってきていることが分かる。

第4節　新たな安全保障アプローチ

昨今の尖閣諸島をめぐる事象を見るまでもなく、興隆する中国に直面する日本の対応が迫られている。なかでも、日本の防衛を担う防衛省・自衛隊にとって、その役割についての見直しが急務である。中国海軍の東シナ海、南シナ海における軍事的活動の活発化とともに、海上における対テロ活動、大量破壊兵器の拡散阻止、平和維持活動、HA/DR、NEOs等、中国海軍の非伝統的安全保障分野における活動の活発化が顕著である。それは、伝統的安全保障分野と非伝統的安全保障分野との境界が曖昧になってきていることを中国が認識していることを示している。それでは、中国が平素から進める非伝統的安全保障分野の活動に対して、防衛省・自衛隊はどのような対応をとるべきであろうか。

そこでは、少なくとも次の3点に留意することが必要である。第1に、それらの問題は無論一国のみで対応することは不可能であること。つまり、多国間協力が必要である。第2に、中国の政治的、経済的、軍事的影響力の拡大は、国際社会の一員としては避けては通れない問題であり、もはや受動的な対応のみでは国際的な責務を果たすことにはならず、何らかの主導的な姿勢を示す必要があること。第3に、なおかつ今すぐできることから実施していかなければ、興隆著しい中国への対応の時期を失してしまう恐れがあることである。

現在の国際社会は多国間協力が必要な時代におかれていることを踏まえる

と、既存の多国間枠組み（Multilateral Framework）や多国間訓練（Multilateral Exercises）に、日米同盟を軸に、日米が分担しあって積極的に関与していくことが現実的である。そして、日米同盟の深化という観点からは、日本として主導できる分野を国内外に明確に主張し、行動することが必要である。

しかしながら、これらを具体的に実施していくに際しては、ヒト、モノ、カネ、情報の観点から現実的には大きな制約があることを踏まえる必要がある。特に、モノ、カネについては極めて厳しく、その運用については限界に近いため、予算配分や各種ビークルの割り当て等については、より一層の重点指向が求められるであろう。また、情報の活用についても、世界レベルで見ればまだまだ後発の分野である。したがって、より現実的には、限定的ながらもヒトの最大活用を図るべきである。

まず、多国間枠組みとしては、ASEAN 地域フォーラム（ASEAN Regional Forum: ARF）の活用が適当である。なぜならば、歴史的かつ地政学的な観点から、ASEAN 諸国との関係は避けては通れないからである。具体的な関与の仕方としては、会期間会合（Inter-Sessional Meeting: ISM）等の各種検討会議の運営調整やワークショップやセミナーを開催しての HA/DR 活動や海賊対処等に係るノウハウの提供といった人的貢献である。

次に、多国間訓練については、アジア太平洋地域で実施されている最大規模の環太平洋合同演習・リムパック（RIM of the PACific Exercise: RIMPAC）や米海軍とアジア太平洋諸国が個別に毎年実施している定例海上合同演習（Cooperation Afloat Readiness and Training: CARAT）等における司令部への計画段階からの人的派遣である。計画段階から参加することによって、日本が主導できる分野を積極的に主張し、有利な安全保障環境構築に寄与する可能性が高まるからである。特に、リムパックについては、中国との協力を視野に入れ、演習場所としてグアムを拠点に計画を進めることや、演習内容も HA/DR や海賊対処等より実際的なものを盛り込み、なおかつ、特に非伝統的安全保障分野において日本が主導していくことが必要である。そして、多国間協力をより推進させるため、2009 年の ARF 初の実動演習である ARF 災害救援実動演習で適用された VDR（Voluntary Demonstration of Response）

アプローチ、すなわち自発的に（Voluntary）参加し、展示（Demonstration）でもいい、できることで対応する（Response）やり方を最大活用すべきで[21]、その際、日本が有する会議調整能力の高さを遺憾なく発揮することが可能である。

　一国のみで国を守ることが非常に困難となってきている現代の安全保障環境下、海洋に国益の多くを依拠している海洋国家日本の防衛省・自衛隊が、非伝統的安全保障分野において主導していくことは、日米同盟上の新たな役割を担うとともに、国際社会における責任を果たすことに通じるのである。

おわりに

　2002年5月、ARF会合において、中国は、「非伝統的安全保障領域における協力に関するポジション・ペーパー」を提出し、①国境を越えた協力、②非伝統的安全保障脅威の拡大に対する総合的な手段、③予防の重視、④伝統的安全保障との並立、⑤内政不干渉を重視することを宣言した[22]。

　それ以来、中国の非伝統的安全保障分野における活動は活発化している。なぜならば、非伝統的安全保障活動は、「中国脅威論」を煽ることなく作戦を実施できる良い機会で、実際に国際社会への貢献にもつながるからである。そして、こうした非伝統的安全保障活動で得られた経験や練度は、兵員やシステム全体の戦闘能力として還元されることを忘れてはならない。

　日本は複雑多様化する国際社会において孤立しては生存していけない。このような中国の非伝統的安全保障分野における活発な活動に対して日本は、同盟国である米国と緊密に連携しつつ、多国間協力を進めることが必要である。それを支えるのは国際的信頼である。国際的信頼を勝ち得るためには、日本自らが、謙虚に過去を踏まえ、冷厳に現在おかれた現実世界を見つめ直

---

21) 下平拓哉「南シナ海における日本の新たな関与戦略― HA/DRへのVDRアプローチ―」『戦略研究11』、2012年4月、41-58頁。

22) 中華人民共和国外交部、China's Position Paper on Enhanced Coopcration in the Field of Non-Traditional Security Issues, May 29, 2002, http://www.fmprc.gov.cn/eng/wjb/zzjg/gjs/gjzzyhy/2612/2614/t15318.htm。

し挑戦し、確固たる国際的立場を示すことによって未来を拓くことにより、国際的責任を担わなければならない。

　防衛省・自衛隊が平素から非伝統的安全保障分野において主導していく挑戦を進めることが、今できる、そして今、すべき行動指向的で現実的な安全保障アプローチである。現在の防衛省・自衛隊に求められていることは、「今、何ができるか」、「何をしなければならないのか」を自ら探し求めて国内外に主張しかつ議論し、行動することである。それこそが、日本の国益のみならず、アジア太平洋地域、国際社会の安全保障にかなうものである。

第5章　多国間協力時代の防衛省・自衛隊
―― 非伝統的安全保障分野を中心に[1] ――

はじめに

　バーリン（Isaiah Berlin）の『ハリネズミと狐』と言えば、「狐はたくさんのことを知っているが、ハリネズミはでかいことを一つだけ知っている。」[2]との名句で知られ、狐の多元主義とハリネズミの一元主義の長短について論を展開させている。かつて、土井寛は、「日本ハリネズミ防衛論」[3]を主張し、ずる賢い狐も、防御一本槍のハリネズミに負けてしまうことから、専守防衛態勢を理論づけた。しかし、日本はいつまでもハリネズミのままでいいのであろうか。樋渡由美は、受動的な専守防衛を克服し、戦略に基づいた安全保障政策への転換を提言している[4]。もはや従前の専守防衛といった受動的な姿勢で、複雑多様化する安全保障環境下で対応していくのは限界にきているのではないか。

　日本にとって、中国が進める接近阻止／領域拒否（Anti-Access/Area Denial: A2/AD）や北朝鮮の核・弾道ミサイルへの対応等は伝統的安全保障分

1）　本章で論ずる非伝統的安全保障（Nontraditional Security）とは、米海軍大学中国海事研究所（Naval War College China Maritime Studies Institute）および『防衛白書』の定義に従う。米海軍大学中国海事研究所では、非伝統的安全保障を、テロ、大量破壊兵器の拡散、海賊、環境危機、人道災害、民族不和、経済的混乱としている。（Lyle J. Goldstein eds., *Not Congruent but Quite Complementary: U.S. and Chinese Approaches to Nontraditional Security,* Newport, Rhode Island: China Maritime Studies Institute U.S. Naval War College, China Maritime Study No. 9, July 2012, p. 2.）また、『防衛白書』においては、人道支援／災害救援、海賊対処、海上安全保障等と定義づけている。（防衛省編『防衛白書』平成24年版、2012年7月、2、39、264頁。）
2）　バーリン『ハリネズミと狐：「戦争と平和」の歴史哲学』河合秀和訳、岩波書店、1997年、7頁。
3）　土井寛『日本ハリネズミ防衛論―在来兵器かミサイルか』朝日ソノラマ、1982年。
4）　樋渡由美『専守防衛克服の戦略』ミネルヴァ書房、2012年、295-300頁。

野における喫緊な問題である。また、昨今の脅威の多様化を受けて、人道支援／災害救援活動や海賊対処といった非伝統的安全保障分野においても活動の場が格段に増大している。したがって、日本周辺の安全保障環境は、伝統的安全保障問題と非伝統的安全保障問題が織りなす複雑多様な状況を示しており、日本の防衛とアジア太平洋地域における平和と安定のためには、不安定要因を顕在化させることなく、国際社会の規範を浸透させることが肝要である[5]。

このような安全保障環境において、2012年4月30日、ワシントンで開催された日米首脳会談後に日米共同声明「未来に向けた共通のビジョン（A Shared Vision for the Future）」が発表され、「日米はアジア太平洋地域の安全保障のため、あらゆる能力を駆使することにより、役割と責任を果たすこと」[6]が確認された。これは、日本にとって、米国との緊密な同盟関係の下、同地域における平和と安定のため、ますます大きな期待がかけられていることの証左であり、日本が国際社会において責任ある立場を占めるためには、安全保障に関し応分の責務を果たすための行動が求められているのである。日本の防衛を主管する防衛省・自衛隊としては、変化する国内外情勢に応じて日米同盟をより実効的なものへと深化させていくことが必要である。そして、希望の同盟としてますます深化していく日米同盟も、現状に甘んずることなく、時代の潮流に即応する新たな役割を模索しなければ、いとも簡単に同盟が崩壊することは歴史が教えるところである[7]。

伝統的安全保障分野と非伝統的安全保障分野に拘らず、日本が果たさなければならない役割は多くあるが、非伝統的安全保障分野における活動の整理は喫緊の問題である。なぜならば、非伝統的安全保障分野の活動は、今すぐ

---

5) Richard L. Armitage, Joseph S. Nye, *The U.S.-Japan Alliance: Getting Asia Right through 2020*, Center for Strategic and International Studies, February 2007; Michael Green, "China's Periphery: Implications for U.S. Policy and Interests," *Orbis*, Vol. 56, No. 3, Summer 2012, p. 369.

6) 「日米共同声明：未来に向けた共通のビジョン（仮訳）」外務省、平成24年5月1日、http://www.mofa.go.jp/mofaj/kaidan/s_noda/usa_120429/pmm.html。

7) Stephen M. Walt, "Why alliance endure or collapse," *Survival*, Vol. 39, Issue 1, 1997, pp. 156-179.

平素から実施することができ、それは国際的な責務を果たすことにも通じるからである。また、その効用に気付いた中国も、近年、特に非伝統的安全保障任務の重要性を認識し、空母や大型揚陸艦の整備を進めていることは看過することができない[8]。

　筆者の先行研究においては、『平成23年度以降に係る防衛計画の大綱（22大綱）』[9]と東日本大震災の教訓を踏まえ、今日の日本に必要な防衛機能としてシー・ベーシング（Seabasing）機能、つまり海上拠点と水陸両用作戦機能の速やかな具現化を説いている[10]。しかしながら、防衛省・自衛隊が、この海上拠点と水陸両用作戦機能をもって活動する領域、とりわけ非伝統的安全保障分野において、実際にどのような範囲まで活動できるかを体系的に整理したものは管見の限り発見できない。特に、世界中に展開している米統合軍の活動類型に対して、分析を加えたものは存在しない。

　したがって、複雑多様な安全保障環境下において、日本の防衛をより確固なものとし、また日米同盟をより深化させるためには、防衛省・自衛隊にとって死活的な伝統的安全保障分野のみならず、憲法等の制約下においても平素から主導することができる余地が多い非伝統的安全保障分野において何ができるのかを模索する必要がある。つまり、今、非伝統的安全保障分野において、防衛省・自衛隊が果たすべき役割とはいったい何であるのかという問いに速やかに答えることが必要である。

　本章では、まず、複雑多様化する安全保障環境下の防衛省・自衛隊にとって必要な海上における新たな機能を整理し、次に数多くの活動実績と経験を残している米軍の水陸両用作戦機能について海上拠点と戦力投射機能に着目

8） Daniel J. Kostecka, "From the Sea: PLA Doctrine and the Employment of Sea-Based Airpower," *Naval War College Review*, Vol. 64, No. 3, Summer 2011, p. 22. 遠藤哲也も、非伝統的安全保障分野に係る対象範囲再構築の必要性を強調していることは注目すべきである。（遠藤哲也「『非伝統的安全保障』後の安全保障論―概念整理と対象範囲再構築の試み―」『海外事情』第59巻7・8号、2011年7・8月、71頁。）

9）「平成23年度以降に係る防衛計画の大綱について」（平成22年12月17日安全保障会議決定閣議決定）。

10） 下平拓哉「シー・ベーシングの将来―22大綱とポスト大震災の防衛力―」『海幹校戦略研究』第2巻第1号、2012年5月、125頁。

する。そして、その有効性と課題を分析した上で、日米同盟における日本の責務を捉え直し、最後に、海上拠点と水陸両用作戦機能を活用した防衛省・自衛隊の新たな役割を提唱する。

第1節　防衛省・自衛隊に必要な海上における新たな機能

　最近、日本を取り巻く安全保障環境は混迷の度合いを深めている。中国の急速な台頭と活発な軍事的活動、ロシア復活の兆し、北朝鮮の核実験と弾道ミサイル発射問題、大量破壊兵器の拡散や海賊等、国境を越える脅威は多様化し、併せて、頻発する大規模自然災害も避けては通れない問題である。

　これらの避けて通れない安全保障問題に対して、第一に、自国で対応する強い意志と最低限の能力を有していなければならない。そして第二に、平素からの備えと多国間協力の推進が必要である。なぜならば、これらの問題に一国のみで対応するには限界があり、日本の平和と安全、アジア太平洋地域の平和と安定を維持していくためには、国際秩序を維持することが重要である。したがって、これまで培ってきた強固な日米同盟の深化のみならず、平素からの積極的な多国間協力を推進する必要がある。また、想定外の事態にも備え、対応しなければならない。首都直下や東海・東南海・南海地震等を想定すれば、現有能力のみで十分と断定することは危険であろう。つまり、このような複雑な時代様相を克服するためには、多国間協力の必要性を肯定的かつ積極的に捉える姿勢が重要である[11]。

　まずは、海上拠点と水陸両用作戦機能の具現化が求められ、厳しい限られた財源を踏まえれば、置かれた状況に応じて最適な要素を組み合わせることによって、より大きな効果を発揮することを考えていかなければならない。つまり、現在の日本が置かれた安全保障環境を俯瞰すれば、平素から、現有

---

[11]　Zbigniew Brzezinski, "Balancing the East, Upgrading the West: U.S. Grand Strategy in an Age of Upheaval," *Foreign Affairs,* Vol. 91, No. 1, January/February 2012, p. 104. 例えば、ブレジンスキーは、アジア太平洋地域のバランスをとるために、相互協力（reciprocal cooperation）が必要となってきているとしている。

の防衛力を効果的に組み合わせて活用し、最大の効果を目指すことが最も現実的なアプローチであろう。

そして、協力の実効性を高めるためには、政府組織や非政府組織に拘らずマルチアクター（Multi-Actor）がそれぞれの特性を生かし合う重層的なアプローチの視点が重要である。それと共に、多国間協力を進めるために最重要なことは信頼の構築である。より具体的には、国際社会およびアジア太平洋地域において信頼を構築するために、他国の困難に対し協力し助け合い、かつ責任ある立場で主張し行動を起こすことである。

アジア太平洋地域諸国にとっての共通の脅威は、大規模自然災害であることは間違いない。東日本大震災でも判明したように、大規模自然災害と戦争ではその対象となるものは当然異なるものの、基本的な作戦態様は同じである[12]。したがって、平素から人道支援／災害救援活動に備えて訓練する態勢を構築することは、国際社会およびアジア太平洋地域における信頼の構築のみならず、日本防衛にも直接貢献するものである。

そして、あらゆる非常事態に備えて訓練することは、自国を守る固い意志と行動を示すこととして最も重要である。したがって、多国間協力時代にあっても、一国でも対応できる最低限の能力を保持する必要がある。つまり、これらのことを通じて、不安定要因の顕在化を予防すると共に兆候を早期に察知し、迅速な対処が可能となるのである。

ブース（Ken Booth）は、海軍の機能を軍事的役割、外交的役割および警備的役割に分類しているが[13]、今後の防衛省・自衛隊は、社会的奉仕の精神をもって常に国民の立場に立つ、いわゆる民生的役割を加味する必要がある。なぜならば、きわめて限られた国家資源の中で、平素の段階で十分に活用できないことは無駄に過ぎず、また事態を問わず、国民の視点が欠如した組織は、民主主義の軍事的組織としてふさわしくないからである。防衛省・

---

12) 下平拓哉「東日本大震災における日米共同作戦―日米同盟の新たな局面―」『海幹校戦略研究』第1巻第2号、2011年12月、64頁。
13) Ken Booth, *Navies and Foreign Policy,* New York: Holmes & Meier Publishing, INC, 1979, p. 16.

自衛隊が、これらの役割の内、死活的に重要な軍事的役割を果たすとともに、民生的役割を発揮するためには、両者に共通して必要であり、かつ欠落があってならない機能を保持する必要がある。防衛省・自衛隊が、今そして今後、必要とされる海上拠点と水陸両用作戦機能を平素から有効に活用していく視点こそが重要となるのである。

防衛省・自衛隊が海上拠点と水陸両用作戦機能を具現化していく上で、同盟国である米軍の中核的存在である水陸両用作戦部隊の運用は大きな示唆を与えてくれる。そこでは平素と有事の二つの視点が不可欠であり、平素において多国間協力を進めることができ、かつ有事にあって機能することが必要である。

なぜ米国にとって水陸両用作戦機能が必要かについて、オンライン外交専門誌『ザ・ディプロマット（The Diplomat）』に興味深い指摘がなされている。1990年以降、米国は120の水陸両用作戦を展開してきたが、イラクやアフガニスタン等過去十数年にわたって、迅速性と持続性を有する海からの水陸両用作戦の有用性が無視されてきたと論じている[14]。折しも、米海軍・海兵隊は、財政難下にはあるものの、水陸両用作戦機能の中核である戦力投射機能を維持向上させるため、十年振りに旅団（Marine Expeditionary Brigade: MEB）レベルの大規模な水陸両用訓練「ボールド・アリゲーター2012（Bold Alligator）」を実施した。そこでは、統合と多国間協力の訓練の重要性が示されたとともに、米海軍と海兵隊の揺るぎない相乗効果が強調され、海兵隊の存在意義が確認された。そして、昨今のアジア太平洋地域の重要性が強調される中、シーパワーの重要性がより一層高まっていることを認識すべきであり、そのためには、水陸両用作戦の有用性を誇示することこそが重要であるとしている[15]。つまり、米国においても水陸両用作戦の有用性が改めて見直されているのであり、とりわけ海軍と海兵隊の協力関係の重

---

14) J. Randy Forbes, "Why U.S. Needs Amphibious Skills," *The Diplomat,* February 1, 2012.
15) Adam Holms and David Fuquea, "Amphibious Training: From Ugly to Good," *Proceedings,* Vol. 137/8/1, 302, August 2011, p. 63; Dennis J. Hejlik, "Still in Demand," *Proceedings,* Vol. 138/11/1, 317, November 2012, pp. 22-27.

要性を示唆している。

　ここで、米統合ドクトリンを見てみれば、水陸両用作戦の種類は、「水陸両用強襲」、「水陸両用襲撃」、「水陸両用陽動」、「水陸両用撤収」、「水陸両用支援」と分類されている[16]。日本がこれらすべての能力を米軍と同等に整備することは現実的ではない。むしろ、日本の防衛と国際社会における責務の2つの観点から判断すれば、最低限必要な機能としては、島嶼の防衛および奪回に係る限定的な「水陸両用強襲」機能と多国間協力を通じた国際貢献に有用な「水陸両用支援」機能であろう。特に、「水陸両用支援」機能は、紛争防止あるいは危機の沈静化を図るとともに、民間組織への支援も可能であり、非伝統的安全保障分野の多様な目標達成に寄与し得るものであり[17]、かつ平素から関与でき、また関与すべきものである。そして、「水陸両用支援」機能を保有することによって、日本の防衛に必要な「水陸両用強襲」機能を担保するものでなくてはならない。

第2節　海上拠点の有効性と課題

　今日の日本に必要な防衛機能の第一である海上拠点については、2004年のインド洋大津波における人道支援／災害救援活動の教訓が示唆的である。国連や各国軍隊、NGO等が大規模な共同作戦を実施した教訓については、米海軍大学が『ニューポート・ペーパー28　希望の波（Waves of Hope）』において、次のように簡潔にまとめている。

　第一に、海上に活動拠点が置かれたことで、陸上に大規模な部隊を展開した場合に懸念される現地住民との摩擦（宗教上の問題等に起因するもの）を最小限に抑えられたこと。

　第二に、ヘリ等により海上から陸上へ人員・装備を投入することにより、交通やインフラの基盤に乏しく政府機能が失われている被災地においても効

---

[16]　U.S. Joint Chiefs of Staff, *Amphibious Operations,* Joint Publication 3-02, August 10, 2009, p. 1-2.
[17]　Ibid., pp. III-71-72.

果的な救援活動が実施できたこと。

第三に、かねてから、緊張を孕んでいたインドネシアとの関係を改善する機会をもたらしたこと。

第四に、米軍プレゼンスの誇示によって、台頭する中国に、地域の空白を埋めさせるような事態を招かないという意図を、各国に対し改めて保証できたこと。

これらの教訓は、アジア太平洋地域における米国の外交・軍事戦略に対し、無視できないインパクトを与えた。そして、米海軍は、多国間協力をより重視する方向へと傾斜し、人道支援／災害救援活動が各国との外交関係に及ぼす影響の大きさや、海上を拠点とする戦力投射という考え方の有効性が認識されることとなったのである[18]。

2012年1月17日、米統合参謀本部は、中国のA2/AD環境下における効果的な統合作戦能力を確立するために、「統合作戦アクセス構想（Joint Operational Access Concept: JOAC）」を発表した。そこにおいても、敵地への攻撃拠点となるアクセス・インフラ整備に関して海上拠点の重要性が言及されており、敵に沿岸一帯を防衛させる利点があるとしている[19]。

さらに、エルドリッジ（Robert D. Eldridge）らによれば、人道支援／災害救援活動における海上拠点の長所を次のようにまとめている。

第一に、作戦に必要な陸上施設を最小限にし、水陸両用作戦部隊の能力を最大限に発揮することが可能である。

第二に、現地のインフラに負担をかけずに、救援を必要とされる地域に海上からヘリで速やかに物資を集中させることができる。

第三に、感染病の可能性が高い被災国において活動する隊員が、病気に罹る衛生上のリスクを最小限にできる。

第四に、軍隊と地元住民間の文化的摩擦を軽減することができる。

---

[18] Bruce A. Elleman, *Waves of Hope: The U.S. Navy's Response to the Tsunami in Northern Indonesia,* Naval War College Newport Papers 28, Naval War College Press, February 2007, pp. 101-117.

[19] U.S. Joint Chiefs of Staff, *Joint Operational Access Concept,* January 17, 2012.

第五に、テロ攻撃の恐れを最小限にすることができる[20]。

海上拠点の具体的な構想については、米海軍は、機動揚陸プラットフォーム（Mobile Landing Platform: MLP）の整備を進めている。MLPは、敵地の沖合に、エアクッション型揚陸艇（Landing Craft Air Cushion: LCAC）やヘリの海上拠点を設置するもので、移動が可能であり、敵の攻撃目標になりにくく、補給艦等が運んだ大量の物資の兵站基地の役割も担うことができ、補給艦や強襲揚陸艦等を柔軟かつ効率的に活用できるものである。

MLP1番艦「モントフォード・ポイントUSNS Montford Point（T-MLP-1）」（満載排水量約34,500トン）は、全長233メートル、幅50メートルで、速力20ノットであり、1万7,000キロの航続距離を有する。建造費の安いタンカー・タイプの船体を採用し、LCAC3隻を保有しているのが特徴である。MLPは、揚陸地点の沖合に配置され、補給艦等により物資を集積、LCACにより、物資をすべて揚陸させた後は安全な海域に移動し、再び補給艦等から物資を受ける[21]。米海軍は2018年までに3隻のMLPを整備する計画中と言われている。

また、米海軍海洋システム司令部（Naval Sea Systems Command: NAVSEA）は、メガフロート型の「洋上中間兵站拠点（Intermediate Transfer Station: ITS）」を構想中である。複数の艦艇が接岸できる洋上岸壁であり、連接すれば航空機の発着も可能な巨大海上基地となる。MLPと同様にLCACの発進拠点となるほか、ヘリや飛行艇の航空基地としても利用できるものである[22]。

さらに、米海軍研究所（The Office of Naval Research）では、海上拠点をより現実的に活用するため、高速で、航続距離が長く、かつ大輸送力を有する

---

20) Lt. Gen. Wallance C. Gregson, James North, and Robert D. Eldridge, *Responses to Humanitarian Assistance and Disaster Relief: A Future Vision for U.S.-Japan Combined Sea-Based Deployments,* http://www2.osipp.osaka-u.ac.jp/~eldridge/Articles/2005/USJjointdep.pdf.
21) H. Ha, "Away All...Hovercraft!," *Proceedings,* Vol. 137/8/1, 302, August 2011, p. 59.
22) Mark Selfridge & Colen Kennell, "Application of Heavy Lift Ship Technology to Expeditionary Logistics/Seabasing," *Naval Surface Warfare Center Carderock Division Total Ship Systems Directorate Technical Report*（NSWCCD-20-TR）, August 2004.

輸送船（Transformable Craft: T-Craft）も開発中である[23]。

それでは、これらの米海軍の海上拠点構想を参考に、日本はどのような海上拠点を整備していけばよいのであろうか。その中核が、海洋の自由を担保するために、必要な時に、必要なところに、迅速に兵力を展開させ得るシー・ベーシング機能を有した海洋安定艦隊（Sea Stability Fleet: SSF）構想であり[24]、それを相互補完するものとして海上保安庁や警察、民間商船、NGO等を活用したマルチアクター協力が考えられる。昨今の緊縮した財政状況を踏まえれば、現有装備の最大活用を図ることが現実に即したものであり、したがって、どのような現有装備に着目すべきかが課題である。

その課題への対応としては、第一に、メガフロートを活用したMLPの整備である。2002年3月、「羽田空港再拡張事業工法評価選定会議」において検討が着手され、実証実験用のメガフロートが作られ、現在は、静岡県清水市、兵庫県南あわじ市、三重県南伊勢町等に分割された[25]。大規模自然災害発生時の人道支援／災害救援活動の際に運用する海上拠点を、政府として整備するのが現実的であろう。第二に、民間活力、特にNGOの活用である。NGOの特徴である多様性、柔軟性に着目し、公共施設の整備・管理等に活かす民間資金等活用事業（Private Finance Initiative: PFI）を活用して、NGOを中心として、民間貨物船、フェリー、RORO（Roll-On/Roll-Off）船等を運航させることである。これらは、限られたヒト、モノ、カネという制約下、相乗効果が期待できるものであり、特に、これまで防衛省・自衛隊との関係が限定されていたNGOとの協力は、厳しい現状を打破する起爆剤となることが大いに期待できる。

---

[23] The Office of Naval Research, "Sea Base Enabler Innovative Naval Prototype Transformable Craft (T-Craft)," *SD-5 Panel Brief,* April 30, 2009; Edward Lundquist, "Far, Fast, Full, Flexible-and Feet-Dry," *Proceedings,* Vol. 137/12/1, 306, December 2011, pp. 40 -44.
[24] 下平拓哉「日米同盟の転換点―統合シーランド・アプローチ構想と日米同盟の深化」『海外事情』第60巻7・8号、2012年7・8月、74-75頁。
[25] 『日経新聞』2011年4月6日。

第 3 節　戦力投射機能の有効性と課題

　次に、今日の日本に必要な防衛機能の第二である水陸両用作戦機能、とりわけその中核である戦力投射機能について論ずる。2012 年 1 月 5 日、オバマ（Barack Hussein Obama Ⅱ.）米大統領は、「米国の世界的リーダーシップの維持：21 世紀の国防の優先事項（Sustaining U.S. Global Leadership: Priorities for 21st Century Defense）」という新たな国防戦略指針を発表し、戦力投射機能の重要性を強調した[26]。そこでは、中国の A2/AD に対する「エアシー・バトル（Air-Sea Battle: ASB）」構想において、海軍の戦力投射機能が期待されている。それを受けて、米陸軍と米海兵隊は、2012 年 3 月、「アクセスの獲得・維持：陸軍・海兵隊コンセプト（Gaining and Maintaining Access: An Army-Marine Corps Concept）」を取りまとめ、A2/AD 下における作戦に際して、陸軍・海兵隊がいかに必要かつ有効であるかを強調している[27]。その核心は、「作戦領域間の相乗効果（cross-domain synergy）」である。したがって、ここでは陸軍・海兵隊がどのような相乗効果をもたらそうとしているのかに注目しつつ、「アクセスの獲得・維持：陸軍・海兵隊コンセプト」を分析してみる。

　陸軍・海兵隊が A2/AD 下で行う「侵入作戦（entry operation）」は、海上拠点からの限定目標への強襲や A2/AD 基盤の破壊、奇襲攻撃、港・空港の制圧、そして後続部隊のための橋頭堡の確保等であり、侵入部隊（entry force）は、強襲部隊（assault force）と後続部隊（follow-on force）の二種類に分類される。

　強襲部隊は、さらに三つに分類され、第一に、海兵空陸任務部隊（Marine Air-Ground Task Forces: MAGTFs）が、水陸両用強襲車（Amphibious Assault Vehicle: AAV）等による「艦艇から目的地への展開（Ship To Objective Maneuver:

---

[26] U.S. Department of Defense, *Sustaining U.S. Global Leadership: Priorities for 21st Century Defense,* January 5, 2012, p. 4.

[27] Keith C. Walker and Richard P. Mills, *Gaining and Maintaining Access: An Army-Marine Corps Concept,* Ver. 1.0, March 2012.

STOM)」により、効果的な戦力投射を実現する。第二に、陸軍空挺部隊（Army airborne forces）が、戦域間・戦域内空中輸送（inter theater/intra theater airlift）、つまりエアボーンにて展開する。そして、第三に、陸軍ヘリボーン強襲部隊（Army air assault forces）を、戦域内拠点（Intermediate Staging Bases: ISBs）等から展開する。

次に、後続部隊は、空中・海上輸送等によって到着し、通常、比較的整備されたインフラを利用して充実した装備・設備とともに展開する。まず、海上機動を最大限活用するSTOMによりMAGTFsの効果的な戦力投射を行い、次に特殊作戦部隊と通常部隊を垂直機動（Mounted Vertical Maneuver: MVM）により、作戦目標近くに大量に投下する。その際、空港等の陸上施設に依存することなく、投下によって相手に対する位置的優位を得るとともに、相手を心理的に驚かせる効果も得られる[28]。

つまり、STOMとMVMの組み合わせという水平と垂直からのアプローチが特徴であり、強襲上陸や空挺といった多方面から、多様な手段によって機動展開し、相手の地理的優位を減じ、混乱させるもので、侵入作戦が成功すれば、航空・海上優勢の獲得を効果的に支援することにつながり、相乗効果が達成できるものである。

このように、21世紀に向けた海兵隊の水陸両用作戦における新たな挑戦は、1996年の「海からの作戦機動（Operational Maneuver From The Sea: OMFTS）」からであるが[29]、その中心的作戦概念であるSTOMについて、2011年5月に、STOMコンセプト・ペーパーが出されている[30]。そこでは、STOMにより実現できる水陸両用作戦の教義を次のとおりまとめている。

第一に、沿岸部において陸海空一体となって作戦を行うこと。

第二に、作戦テンポが速く、作戦領域が変化する中にあって、単一の戦闘

---

28) Ibid., pp. 8-12.
29) Charles C. Krulak, "Operational Maneuver from the Sea," *Proceedings,* Vol. 123/1/1, 127, January 1997, pp. 26-31.
30) U.S. Department of the Navy Marine Corps, *Ship-To-Objective Maneuver,* May 16, 2011, pp. 4-8.

概念で作戦を遂行できること。

　第三に、統合作戦指揮官に、ソフトパワーかハードパワーか、より良い選択肢を提供できること。

　第四に、上陸させる兵力を限定できること。

　第五に、ソフトパワーとハードパワーを等しく作戦において活用できること。

　第六に、機動力に柔軟性をもたせること、またはそれを妨害するような障害物を取り除けること。

　第七に、作戦領域間アプローチが採れること。

　第八に、兵力の分散が可能であること。

　第九に、上陸兵力を調整可能であること。

　第十に、連携する機関やグループの幅が広がること。

　第十一に、必要なエリアを必要な時間確保することができること。

　つまり、戦力投射機能の有効性は、これら MAGTFs とエアボーン、ヘリボーンの組み合わせにより、それぞれの弱点を補い合い、相乗効果を発揮させることにある。そして、陸軍・海兵隊はアクセスを確保し維持することにより、統合作戦に寄与することができるのである。これらは、ワーク（Robert O. Work）米海軍次官（当時）が、米海軍・海兵隊を米軍事力の中核として位置づけ、長距離兵器であるとその戦力投射機能の重要性を指摘したとおりである[31]。

　それではこれらの米軍の戦力投射機能を参考に、日本はどのような戦力投射機能を整備すべきであろうか。米軍が有する戦力投射機能および実績に基づいた作戦能力は、世界有数の水準であることは間違いなく、かつ日本にとって、現下最も信頼がおける同盟国が米国であるのも否定し難い。また、このような戦力投射機能をより効果的に発揮するためには、軍事的組織の他に代替えできる組織は見当たらなく、したがって、防衛省・自衛隊が米軍の戦力投射機能を参考にすべき意義がここに存在するのである。

---

[31] Robert O. Work, "The Coming Naval Century," *Proceedings,* Vol. 138/5/1, 311, May 2012, pp. 24-30.

防衛省・自衛隊が保有すべきものは、現有装備を最大限に有効活用して、米軍が有する戦力投射機能を担保するという観点をとれば、具体的には、プラットフォームとヘリ、LCAC 等であり、これらを組み合わせて MAGTFs とエアボーン、ヘリボーンを STOM と MVM で活用することである。それには、まず平素から、現有の海上兵力と陸上兵力との相乗効果を高めることを構想すべきである。

　しかし、その課題は、情勢に応じていかに複数の要素を組み合わせ、各要素が有する力の総和以上の結果を生み出す相乗効果を図るかにある。防衛省・自衛隊は、いかなる状況下にあっても、現場において最大限の能力を発揮することが今以上に求められている。それは決して防衛省・自衛隊のみによって構成されるものではなく、また構成できるものでもなく、当然、事態によっては、国家の総力を挙げての対応が不可欠となる。そして、混乱状態にあっては、国家のみならず、それぞれの地域における力の集中を図ることが重要な要素となる。そのためには、平素からの訓練と実際を繰り返し、ノウハウを蓄積しなければならない。

　米海軍・海兵隊は、海からの柔軟性を活用し、シーパワーの創造的適応を目指す挑戦の時代に入ってきている[32]。防衛省・自衛隊は、水陸両用作戦機能とりわけ水陸両用支援機能を平素から十分に活用発揮し、アジア太平洋地域共通の脅威である人道支援／災害救援活動の訓練ならびに実際を多国間協力の中核に備えなければならない。併せて、シーパワーの中核である前方プレゼンス、抑止、制海、戦力投射および海洋安全保障に[33]、影響力を維持することが必要である。

---

32) John C. Berry Jr., "U.S. Marine Corps in Review," *Proceedings,* Vol. 138/5/1, 311, May 2012, pp. 84-87.

33) James T. Conway, Gray Roughead and Thad W. Allen, *A Cooperative Strategy for 21st Century Seapower,* October 17, 2007、http://www.navy.mil/maritime/Maritimestrategy.pdf.

第4節　日米同盟における日本の責務

　今日の日本に必要な防衛機能であるこれらの海上拠点と戦力投射機能の有効性と課題を踏まえた上で、日米同盟の意義について再考する。日本の平和と安全、独立を確保していく上で、これまで日米同盟が果たしてきた役割は大きい。しかし、同盟の性格は時代とともに変容する。レディング大学教授のグレイ（Colin S. Gray）の分析によると、21世紀の安全保障環境はより厳しくなることが予想され、そこでは特に米中関係が懸念とされている[34]。アジア太平洋地域におけるパワー・バランスは、中国の台頭と米国の凋落傾向に象徴されるが[35]、そこでは新たな国際協力の可能性と国際摩擦の可能性の混在がうかがえる。シカゴ大教授のミアシャイマー（John J. Mearsheimer）は、米中は必ず衝突するとして話題となった『大国政治の悲劇（The Tragedy of Great Power Politics）』の中において、「『潜在覇権国』が登場しそうになると、同じ地域にある他の大国が自分たちの手で自動的にその脅威を封じ込める働きをする。」[36]とし、同盟国の役割により大きな期待がかけられていることを指摘していることに留意する必要がある。

　冷戦後、中国の台頭、朝鮮半島や台湾海峡の不安定化に対処するため、日米協力を強化する必要性が高まり、この日米の思惑が一致した結実が、1996年4月の「日米安保共同宣言」であった。また、1997年には新たな「日米防衛協力のためのガイドライン」が策定され、日米共同対処や周辺事態の際の日米相互協力を強化するという方向性が打ち出された。さらに、2002年からは日米安全保障協議委員会が開始され、協議はより一層加速した。そし

---

34)　Colin S. Gray, "The 21st Century Security Environment and the Future of War," *Parameters*, Vol. XXXVIII, No. 4, Winter 2008-09, pp. 14-26.

35)　Gideon Rachman, "Think Again: American Decline," *Foreign Policy,* January/February 2011; Paul K. MacDonald and Joseph M. Parent, "Graceful Decline?: The Surprising Success of Great Power Retrenchment," *International Security*, Vol. 35, No. 4, Spring 2011, pp. 27-43; Randall L. Schweller and Xiaoyu Pu, "After Unipolarity: China's Visions of International Order in an Era of U.S. Decline," *International Security*, Vol. 36, No. 1, Summer 2011, pp. 41-72.

36)　John J. Mearsheimer, *The Tragedy of Great Power Politics*, New York & London: W. W. Norton & Company, 2001, p. 42.

て、2011 年 6 月 21 日の日米安全保障協議委員会において、4 年ぶりに全面改定された 24 の日米共通の戦略目標が示されたが[37]、今後は、これらをより具現化し、日米同盟を深化させる努力を進めなければならない。

　日本を取り巻く安全保障環境は、アクターが複雑に絡み合い、国境を越え、将来はおろか現状すらも認識することは容易でない。このような時間的にも空間的にも複雑に絡み合う難問題に対して、日本としてどのような立場において、変化の方向性やその対応への手がかりを得ることができるであろうか。

　それは第一に、非国家主体の視点である。菊池努によれば、アジア太平洋地域はリアリズムとリベラリズムの世界が並存する地域と捉え、国家が守るべき核心的価値（国家安全保障、経済的繁栄、政治的自律）の優先順序やそれぞれ間のトレード・オフへの対処の仕方に変化が生じているとしている[38]。ここに、リアリズムとリベラリズムの共通項を模索してみる価値があり、それは、ともに中央政府を持たない国際システムにおいて、いかにして秩序を形成・維持するかを構想する点にある。国家中心の発想に限定されず、非国家主体とも緩やかに連携した形は、当然完全ではないものの、着実にその厚みと広がりを増す可能性を含んでいる。レジームなり、ガヴァナンスが国家中心の国際社会の諸問題にどこまで解決策を提示できるかは未だわからないが、国際機関や企業、NGO 等の非国家主体の参加と調整・協力が、国際社会の安全保障問題解決の糸口へとなり得る。公式・非公式を含む様々なマルチアクターとの重層的な協力を通じて、連携の厚みと広がりを増す可能性を肯定的に模索する視点が重要である。

　第二に、非軍事的手段の活用である。日本が置かれた安全保障環境は、決

37）「日米安全保障協議委員会共同発表　より深化し、拡大する日米同盟に向けて：50 年間のパートナーシップの基盤の上に（仮訳）」外務省、平成 23 年 6 月 21 日、http://www.mofa.go.jp/mofaj/area/usa/hosho/pdfs/joint1106_01.pdf。

38）菊池努「アジア太平洋の重層的な地域制度と ASEC」渡邉昭夫編『アジア太平洋と新しい地域主義の展開』千倉書房、2010 年、19-38 頁。菊池努「相互依存、力の構造、地域制度―東アジア共同体と地域制度の動態―」『海外事情』第 58 巻第 4 号、2010 年 4 月、38 頁。

して安定的でも平和的でもなく、また国際システムにおける不安定要因に対して、軍事的手段が常に効果的とは限らない複雑な領域である。日本を取り巻く海洋を通じた問題群は、具体的には、海賊行為、大量破壊兵器の拡散、国際的組織犯罪、大規模災害、環境破壊、資源開発等である。そのような状況下、日本にとって海上交通・通商、資源確保と言った観点から、航行の自由と海洋における自由なアクセスを確保すること、つまり海洋が国益を実現する場であることは、古来、不変である。2010年7月のアセアン地域フォーラム（ASEAN Regional Forum: ARF）閣僚会議において、ヒラリー・クリントン（Hillary Clinton）米国務長官も、「米国は、他国と同様、航行の自由、アジアの海洋コモンズに対する自由なアクセスに国益を有している。」[39]と強調している。これらの問題は顕在化しており、その対処は無論単独では不可能である。そこでは、軍事的手段ではなく、非軍事的手段による問題の顕在化を防ぐことが確実な推進力となり得るのである。そして、もちろん、直接的な挑戦に対しては厳とした対応をとることは言うまでもないことである。

　このように、より複雑多様さを深める現下の国際システムにおける主要プレーヤーは、依然基本的には国家主体であるものの、非国家主体も見逃すことはできない。また、その利害や政策は多様化しており、その手段も様々である。したがって、未だ明確化が難しい問題を含んだ安全保障問題への対応については、よりグローバルな視野で捉え、多国間協力とともにマルチアクターによる協力を通じて、秩序を維持し、不安定要因を顕在化させないことが現実的なオプションである。

　そこでは、複雑な調整能力と多くの国際的経験が求められるのであり、日本の力を発揮する余地がより大きくなる。つまり、日本は海洋において応分の責任を取り得るのである。日本にとって、アジア太平洋地域において海洋への展開を進める中国を視野に入れれば、国益に直結する海洋を通じた多国間協力とマルチアクターによる協力を進め、非軍事的手段を活用しつつ、平

---

[39] "Comments by Secretary Clinton in Hanoi, Vietnam," July 23, 2010, http://www.america.gov/st/texttrans-english/2010/July/20100723164658su0.4912989.html.

素から主導的な立場を見出すことが堅実かつ現実的なアプローチである。今まさに、日本にとって、日米同盟を通じた緊密な調整と連携を進め、役割を分担し、日米同盟をより深化させていくことがアジア太平洋地域の平和と安定を確保する上で最善の方法であり、日米同盟の実効性を向上させることが喫緊の課題である。

第5節　防衛省・自衛隊の新たな役割：NCMO アプローチ

　日米同盟の実効性を向上させる上で、いったい、防衛省・自衛隊は、今、何をすべきであろうか。日本の防衛と日米同盟に基づく対応として、米国が提唱する ASB 構想に関し具体的な作戦要領を確立していくことは、もとより喫緊のことである。そして、現下の安全保障環境を踏まえれば、国際社会においてもはや従前たる受動的な姿勢では耐えられず、積極的に応分の責務を果たしていかなければ、国際社会におけるある種の孤立状態も避け得ないであろう。この危機感から、より現実的に「今できること」を推進しなければならない。

　ジョージ・ワシントン大学教授のグレーザー（Charles Glaser）によれば、中国の台頭は確かに危険を孕んでいるが、それに伴うパワー・バランスの変化によって覇権競争が生起し、米中の重要な国益が衝突することはないものと思える。また、核兵器、太平洋による隔絶、そして現在比較的良好な政治関係という三つの要因により、現在の米国と中国はともに高度な安全保障を手にしており、あえて関係を緊張させるような路線をとることはないと分析している[40]。さらに、シンガポールのラジャラトナム国際関係研究所（Rajaratnam School of International Studies）のデスカー（Barry Desker）所長らも、中国は地域的な多国間枠組みや国際的な枠組みに組み込まれているため、東アジアでは戦争は起きそうもないと分析している[41]。

---

[40]　Charles Glaser, "Will China's Rise Lead to War: Why Realism does not mean Pessimism," *Foreign Affairs,* Vol. 90, No. 2, March/April 2011, pp. 80-91.
[41]　Richard A. Bitzinger and Barry Desker, "Why East Asian War is Unlikely," *Survival,*

確かに、アジア太平洋地域において、戦争によってもたらされる利益を享受できる国があるのかは疑問である。その一方で、22大綱も指摘するように、武力紛争に至らないような対立や紛争、言わばグレーゾーンの紛争が増加する傾向にある[42]。

ここで世界中に展開している米統合軍が軍事作戦全体を整理している統合ビジョン2020（Joint Vision 2020: JV2020）の分類を見てみる[43]。JV2020では、表1に示すとおり、軍事作戦を、「戦争（War）」と「戦争以外の軍事作戦（Military Operation Other Than War: MOOTW）」[44]に大別している。そして、MOOTWには、戦闘（combat operation）分野と非戦闘（noncombat operation）分野が含まれている。MOOTWの戦闘分野と非戦闘分野が混在する分野としては、平和執行、対テロリズム、襲撃を含むプレゼンスの顕示、非戦闘員退避活動等がある。そして、MOOTWの純然たる非戦闘分野としては、航行の自由、人道支援、船舶の防護等が規定されており、双方は並行して実施されるものとしている。

したがって、防衛省・自衛隊は、海洋国家日本の国益を最大限に実現するとともに日米同盟を深化させるため、新たな多国間協力の形態として、MOOTWの純然たる非戦闘分野において主導的な役割を果たすことを提言する。このような安全保障アプローチを、「ノコモ（Non-Combat Military Operation: NCMO）」と新たに呼称する[45]。いわゆる、「戦闘行為を伴わない

Vol. 50, No. 6, December 2008-January 2009, pp. 105-127.
[42] 『防衛白書』平成24年版、111、371頁。
[43] Chairman of the Joint Chief of Staff, *Joint Vision 2020,* June 2000, p. 7.
[44] MOOTWについては、1995年に、米統合参謀本部JP3-07「戦争以外の軍事活動（Joint Doctrine for Military Operations Other Than War）」としてドクトリン化されたが、コソボ、アフガニスタン、イラク等の教訓を踏まえ、紛争後の安定化作戦の重要性が認識され、2011年に、JP3-07「安定化作戦（Stability Operations）」に吸収された。しかし、その基本的な概念はJV2020に継承されている。
[45] Richard Hunt and Robert Girrier, "RIMPAC Builds Partnerships That Last," *Proceedings,* Vol. 137/10/1, 304, October 2011, pp. 76-77. この概念は、アジア太平洋地域最大規模の演習であるリムパック2010において、日本側から初めて提示し、その一部を実施した。（下平拓哉「NCMO INITIATIVE—RIMPAC2010に見る新たなる挑戦の道—」『波涛』211号、2010年11月。）

第5節　防衛省・自衛隊の新たな役割：NCMOアプローチ

表1：NCMOのイメージ

		軍事作戦	目　的	作戦様相	
戦闘分野		戦争 （WAR）	戦闘 勝利	大規模軍事作戦 攻撃／防御／封鎖	
非戦闘分野	NCMO	戦争以外の軍事作戦 （MOOTW）	抑止 紛争解決	平和執行、対テロリズム プレゼンスの顕示 襲撃／攻撃 平和維持／非戦闘員退避活動 国家支援、対暴力	国際的後方支援活動 国際的治安維持活動 国際的人道支援活動
			平和促進 民間支援	航行の自由、対麻薬 人道支援、船舶の防護 文民支援	

出典：JV2020を基に、筆者作成

軍事活動」である。従前のMOOTWには、戦闘行為が含まれているため、日本の法的制限下では、作戦の一部を実施できないものがあった。これに対して、NCMOは、純然と現行法内で実施可能な作戦と整理でき、防衛省・自衛隊が平素から主導することができるものである。

　NCMOを主導することによる強点については、次の五つに整理することができる。第一に、国際社会において主導的な立場に立てること。すなわち、国際的な責務を果たせること。第二に、日米同盟の両国の利益になること。第三に、国際社会の利益になること。第四に、中国の利益になること。NCMOは決して中国を包囲するものではなく、むしろ中国が参加の意思を示すことにより、中国にとっても利益となるものである。第五に、財政難の中でも現有の装備体系で実施可能なことである。

　これらを踏まえて、次に二つのチャレンジを提示する。

　第一に、従来までの日本の法的制約を踏まえた中での「できない」というスタンスから、法的制約の中でも実施可能な活動を整理し「できる」というスタンスへの意識改革である。日本が存続し、発展していくためには、安定した安全保障環境が不可欠である。海上交通を経て、自由な貿易が維持できるのも、関係する地域の安定が保たれているからである。日本がこのような恩恵を将来にわたって得たいのであれば、そうした恩恵をもたらす環境の整

備に必要な労力を費やさなければならない。国際社会が分担している安全保障上の責任を、日本も受益との関係で応分に担わなければならない。それも、安定した安全保障環境の達成に寄与するような、目に見える形での役割の分担が求められる。

　そのためには、それを実現する努力として、積極的な防衛力の活用が必要である。なぜならば、防衛力は平素にその活動の場を得て、実践することを通じ、不測の事態に際しての即応能力を高めることはもとより、平素における国家資源の有効活用となるからである。それは、米軍の活動を見れば自明である。山本吉宣は、国際システムの変容を受け、軍隊の任務は多様化し、人道的介入や災害救援等においてダイナミックな行動が必要となってきていると分析している[46]。すなわち、今、日本に求められているのは、「待ちの姿勢」から「行動の姿勢」へ、「与えられる安全保障」から「ともに築く安全保障」へといった関与のあり方のドラスティックな転換である。そして、国際社会はこれらの行動を伴わない国を、応分の責任と義務を果たしているものとは認識しないことを忘れてはならない。

　第二に、国際社会、特にアジア太平洋地域における安全保障環境構築のため、防衛省・自衛隊がNCMOを主導することである。そこでは、同地域の平和と安定が、日米両国の共通の利益になるという共通認識に基づき、日米はより適切な役割分担をしなければならない。今できる新たな安全保障アプローチであるNCMOは、国際連合を中心とした国際社会が行う安全保障上の措置に積極的に関与し、憲法の許容する範囲において、主体的かつ積極的に安全保障上の責任を果たすことを目的とするものであり、国際社会が安全保障措置として行う武力行使を支援し、警察的な役割として国際的な治安の維持に寄与し、国際的な災害等に際して人道的な支援を行う活動である。

　より具体的には、平素から米国と役割を担い合い、さらには中国による国際社会の規範を逸脱するような行為を牽制できる活動は、表2のように、警戒監視、国際不法行動の取り締まり、航行船舶の保護、航路の安全確保、海

---

[46]　山本吉宣「国際システムの変容と安全保障―モダン、ポスト・モダン、ポスト・モダン/モダン複合体―」『海幹校戦略研究』第1巻第2号、2011年12月、29頁。

表2：NCMO の主な活動

分　類	活動項目
国際的治安維持活動	警戒監視
	国際不法行動の取り締まり
	航行船舶の保護
	航路の安全確保
	海上阻止活動
国際的後方支援活動	補給
	整備
	輸送
	医療
国際的人道支援活動	災害救援
	非戦闘員の保護
	医療輸送
	捜索救助

上阻止活動等の国際的治安維持活動、補給、整備、輸送、医療等の国際的後方支援活動、そして、災害救援、非戦闘員の保護、医療輸送、捜索救助等の国際的人道支援活動が考えられる。

　防衛省・自衛隊による NCMO への主体的な参加は、国際安全保障上において日本が果たし得る役割分担のキー・ワードである。そして、NCMO は平素の状態から実施できる行動指向的（Action-Oriented）なアプローチと捉えることができる。昨今、米国においても、安定化作戦の重要性が高まる中、平素の状態である「フェーズ 0（Phase Zero）」は最も重要視されており[47]、ここに、日本の防衛力を投入し、日本が国際的な軍事活動に積極的に関与し得る余地があるのである。

　日本は複雑多様化する国際社会において、自らが確固たる立場を示すこと

---

[47] Charles F. Wald, "The Phase Zero Campaign," *JFQ,* issue 43, 4th quarter 2006, pp. 72-75: Scott D. McDonald, Brock Jones, and Jason M. Frazee, "Phase Zero: How China Exploits It, Why the United States Does Not," *Naval War College Review,* Vol. 65, No. 3, Summer 2012, pp. 123-135.

によって、冷厳に現実世界を見つめ、国際社会、特にアジア太平洋地域の安全保障環境構築のために努力しなければならない。そのために、日本は「今、何ができるか」、「何をしなければならないのか」を自ら探し求めて主張しかつ議論し、NCMO アプローチによって行動しなければならないのである。

おわりに

　非伝統的安全保障問題とは、複雑多様でグローバルな脅威に象徴され、国際システムの安定化を阻む最大要因となり得る。アジア太平洋地域は、依然として伝統的安全保障問題の発火点でもあり、そのパワーゲームは、単純化すれば米中の駆け引きに大きく影響され、起こり得る事態様相も小規模紛争時代への変容が窺える。そして、大規模自然災害の猛威が繰り返されているのも特徴的である。

　そのような状況下では、同盟国の意義が一層向上する方向性を有しており、それは、アジア太平洋地域の安全保障の根幹である日米同盟の意義が高まることを意味している。日米同盟は、「価値と利益」を一致しこれまで歴史的実績を積み重ねてきたが、今後は、「価値と利益と行動」が一致する同盟へと深化させる必要がある。

　そのためには、防衛省・自衛隊が、アジア太平洋地域において、今、果たすべき役割として、新たな安全保障アプローチとしての NCMO を積極的に提言し行動する必要がある。すなわち、構想と行動である。日本による「できる」というスタンスへの意識改革によって、安全保障上の国際的取組みに積極的に参加あるいは主導し、国際社会とともに、よりよい安全保障環境を実現していくことが求められる。今、NCMO を主導することによって、非伝統的安全保障問題において行動し、更なる安全保障努力へと波及させていくことが肝要である。それこそが、日本の存在感を高めるとともに、責任を有する国家像を国際社会に顕示することにつながるのである。

　そして、アジア太平洋地域において、多国間協力を進めることにより、海

軍力のプレゼンスを示すことは、多様な事態に柔軟かつ迅速に対応できることにも通じる。まさに、ハードパワーとソフトパワーを織りまぜたスマートパワーの具現化を意味するものである。その際、日本の政治力発揮の最も有効なツールである防衛力の積極的かつ有効な活用のみならず、外交や経済をはじめとした様々な資源と知恵の結集が必要なことは論を俟たない。

　国際政治学の泰斗カー（Edward H. Carr）は、「新しい国際秩序の形成および新しい国際的調和の成立は、寛容であり圧制的でなく、実際に選択できるものの中から選び出すことができるものとして、一般に受けとめられ受け入れられる支配力にもとづいてはじめて可能である。」[48]と、国際秩序形成の神髄を言い当てている。複雑多様化する多国間協力時代にあって、国際秩序の構築に防衛省・自衛隊の果たすべき役割は大きなものである。

---

[48] Edward Hallett Carr, *The Twenty Year's Crisis, 1919-1939*, New York: Harper & Row, 1964, p. 236.

第 6 章　南シナ海における日本の新たな関与戦略
―― ARF 災害救援実動演習を通じた信頼醸成アプローチ――

はじめに

　2010 年 2 月 1 日、米国防省が議会に提出した『四年毎の国防計画の見直し（Quadrennial Defense Review: QDR2010）』において、接近阻止／領域拒否（Auti-Access/Area Denial: A2/AD）への対抗概念として「統合エアシー・バトル（Joint Air-Sea Battle: JASB）」構想が策定されたが、その詳細は不明である[1]。A2/AD 能力を確実に高めつつある中国は、2011 年 8 月 10 日、初の空母「ワリヤーグ（Varyag）」の試験航海を行い、世界の注目を浴びた。今後、南シナ海に配備され、2020 年頃には新艦隊が編成されるとの見通しもあり、そうなればアジア太平洋地域の勢力均衡図も大きく変わることが予想される。その南シナ海においては、近年、中国と ASEAN 諸国間で領有権をめぐる摩擦が再活発化している。そして、尖閣諸島周辺海域においても、2010年 9 月の中国漁船衝突事件以降、漁業監視船等の活動が常態化し、2011 年 8 月には漁業監視船の領海侵入事案が生起している。

　今後、米国の関与の程度によっては、南シナ海のみならず東シナ海も事実上中国の海と化す可能性がある。南シナ海を取り巻く国際環境は、政治、経済、社会、文化のすべての面で多様であり、大国の角逐や旧宗主国との歴史的関係も複雑である。そのなかで、日米中及び ASEAN が歴史的に主要なアクターであることは間違いない。もはや、南シナ海の問題を初めとしたアジア太平洋地域の問題は、日中関係や日米関係、ASEAN 関係といった枠組み

---

[1]　U.S. Department of Defense, *Quadrennial Defense Review Report,* February 1, 2010. 2015 年 1 月 8 日、米国防総省は、より統合を重視するため、その構想の名称を「国際公共財におけるアクセスと機動のための統合（Joint Concept for Access and Maneuver in the Global Commons: JAM-GC）構想」と変更した。（"Air Sea Battle Name Change Memo," U.S. Department of Defense, January 20, 2015.）

のみで捉えることができる問題は限定され、一層包括的かつ戦略的な視点が必要とされてきている。

近年活発化している南シナ海の問題を解決し、アジア太平洋地域における平和と安定を確保するためには、中国の海洋活動の拡大、活発化に対する備えを整え、中国を不安定要因化させないようにすることが必要である。日本は、同地域に国益の多くを依拠し、また同地域における責任大国として、同盟国である米国とともに、何らかの具体的な方策を打ち出す必要がある。それでは、具体的なJASB構想が不明であるなか、南シナ海における問題に対して、日本は一体、今どのような関与をすることができるであろうか。

日中関係については数多くの論考があるが[2]、これらのうち安全保障に係る先行研究の多くは、東シナ海については両国関係の課題を指摘したものや南シナ海については中国の海洋進出に関するものが主であり[3]、特に近年の南シナ海をめぐる問題について、包括的かつ戦略的な視点から分析したものは見当たらない。

一方、未曾有の被害をもたらした東日本大震災においては、日本に対して米中を初め130か国以上から緊急援助隊や緊急物資・義援金等の支援の申し出があった。また、2004年のスマトラ沖地震、2008年のミャンマーのサイクロン災害、中国の四川大地震においても多くの国々の支援が集まったのは記憶に新しい。このようにアジア太平洋地域においては、頻発する大規模自然災害に対して多国間で協力することが必要であり、共通の利益となっていることが特徴的である。同地域においては、いまだ安全保障上の進展は乏しいままであるが、山本吉宣も指摘するように、冷戦後、危機対応型のシステ

---

[2] 慶應義塾大学教授の小島朋之が生涯を通じて研究していたテーマが日中関係であり、その集大成が、小島朋之『和諧をめざす中国』芦書房、2008年。その他、日中関係を史的に分析したものとして、添谷芳秀『現代中国外交の六十年：変化と持続』慶應義塾大学出版会、2011年；趙宏偉他『中国外交の世界戦略：日・米・アジアとの攻防30年』明石書店、2011年。日中関係の転換期を捉えたものとして、法政大学国際日本学研究所編『転換期日中関係論の最前線：相互発展のための日本研究』法政大学国際日本学研究センター、2010年、等がある。

[3] 例えば、平松茂雄『軍事大国化する中国の脅威』時事通信社、1995年；『続　中国の海洋戦略』勁草書房、1997年。

ムと協調的安全保障が併存しており[4]、共通の利益となっている人道支援／災害救援活動（Humanitarian Assistance/Disaster Relief: HA/DR）が安全保障努力を進める上での推進力となり得る可能性がある。

ここで、アジア太平洋地域における安全保障を推進してきたASEAN地域フォーラム（ASEAN Regional Forum: ARF）が2009年5月に実施した初の災害救援実動演習（ARF-Voluntary Demonstration of Response: ARF-VDR）の意義に注目してみる[5]。この実動演習は、より多くの国々の参加とより実際的な活動への深化といった点で、同地域のみならず、国際社会にとっても非常に意義深いものである。そして、それは、日本の同地域における安全保障上の新たな役割として期待できる。

本章では、近年活発化している南シナ海をめぐるASEAN・中国関係と中国空母の存在意義について明らかにした後、アジア太平洋地域において安全保障努力を進めるARFにおけるHA/DRの位置づけの変化を踏まえた上で、災害救援実動演習の意義を分析することにより、面の安定を確保する具現化策としてのARFにおける日本の新たな役割について模索する。

第1節　南シナ海をめぐるASEAN・中国と空母の存在意義

2011年8月24日に米国防省が発表した『中国の軍事力に関する年次報告書』によれば、中国は、黄海、東シナ海、南シナ海を含めた「近海」全体を、敵から本土を守るための安全保障緩衝地帯と位置づけている[6]。また、平成23年度版『防衛白書』においても、東南アジア情勢では、新たな項目

---

[4] 山本吉宣「アジア太平洋の安全保障の構図」山本吉宣編『アジア太平洋の安全保障とアメリカ』彩流社、2005年、33頁。

[5] ARFの形成過程については、例えば、菊池努『APEC：アジア太平洋新秩序の模索』日本国際問題研究所、1995年、第7章。当該演習の英語表記は、ARF-Voluntary Demonstration of Response: ARF-VDRであり、外務省の邦訳は、「ARF災害救援実動演習」である。したがって、VDRの正式な邦訳はなされていないが、「自発な展示による対応」とも言うべきものである。

[6] Office of the Secretary of Defense, *Annual Report to Congress: Military and Security Developments Involving the People's Republic of China 2011*, p. 60.

「南シナ海をめぐる動向」を設け、中国と関係諸国の対立に分析を加えている[7]。南シナ海をめぐる問題は、南シナ海のみにとどまらない日本にとって看過できないものとなってきている。

近年、南シナ海における中国の活発な活動が顕著になってきている。米海軍大学中国海事研究所所長のダットン（Peter Dutton）教授は、『米海軍大学レビュー（Naval War College Review）』2011年秋号において、「3つの論争と3つの目標（Three Disputes and Three Objectives）」として、中国と南シナ海の問題について大きく取り上げている[8]。ダットン教授は、主権、管轄権、管理の観点から中国の活動に対する分析を加えている。南シナ海では約40年間にわたって緊張が繰り返されたが、1995年の中国によるミスチーフ礁（美済礁）占拠以降、比較的平穏な状況が続いていた。しかし、2009年3月の南シナ海における米情報収集船「インペッカブル（USNS Impeccable）」に対する妨害活動が転機となって、中国は南シナ海における活動を活発化させていると指摘している。そして、中国の南シナ海における3つの目標を、①地域統合、②資源管理、③安全保障強化にあるとしている。

ダットン教授は、3つの論争のうち、第1に主権については、中国、ベトナム、マレーシア、フィリピン、ブルネイ、台湾間の主張の相違に関して、主権、歴史、島嶼、安全保障の観点から分析を加えて、「地域的主権」つまり、地域国家間で島嶼に係る主権を分割する考えを提言している。第2に管轄権については、EEZと大陸棚に係る中国の主張のあいまいさについて分析し、北西大西洋の漁業資源の最適利用、合理的な管理及び保存を促進することを目的とした北西大西洋漁業機関（Northwest Atlantic Fisheries Organization: NAFO）のような海洋資源を分割する協調的レジームの活用を提言している。第3に管理については、沿岸国の軍艦の活動等について分析し、中国が、ほぼ紛争に至るまで対立をエスカレーションさせる可能性があるとともに、妥協を図るため注意深くバランスをとる必要があるとし、非伝

7）　防衛省編『防衛白書』平成23年度版。
8）　Peter Dutton, "Three Disputes and Three Objectives: China and the South China Sea," *Naval War College Review,* Vol. 64, No. 4（Autumn 2011）, pp. 42-67.

統的安全保障問題における地域的パートナーシップを提言している。そして、これらの分析と提言を踏まえた上で、政治的かつ経済的関与を含んだ相互利益に注目すべきと結論づけている。

　また、近年の中国の南シナ海における対応をめぐり、地域統合を進めるASEAN諸国では2極分化の兆しを見せている。中国監視船の挑発を受けたインドネシア、2011年5月に中国監視船に石油調査船のケーブルを切断されたベトナム、フィリピンは、中国に対し警戒感を露わにしている。それに対して、中国と海洋において抗争のないカンボジア、ラオス、ミャンマーは経済面における関係強化を進めている。

　南シナ海をめぐってASEANと中国は、厳しい駆け引きを行っている。南シナ海における中国は、確実に不安定要因となりつつあるのである。日本は東シナ海と南シナ海を同一視する中国の動向に強い関心を示すとともに、特に、国際規範をゆがめるような中国の主張が南シナ海で既成事実化し、東シナ海に波及することがないように、南シナ海における情勢に注視し続ける必要がある。

　このような状況の中で、中国は空母「ワリヤーグ」を就役させているが、これはどのようなことを意味しているのであろうか。南シナ海における中国空母の存在意義について論じてみる。東日本大震災においては、米空母「ロナルド・レーガン（CVN76 USS Ronald Reagan）」が、2004年のスマトラ沖地震においては米空母「エイブラハム・リンカーン（CVN72 USS Abraham Lincoln）」が活躍したことは記憶に新しい。いずれも、水、毛布、非常用糧食等、様々な支援物資が、被災地のニーズを踏まえて運ばれた。このように、HA/DRは、アジア太平洋地域における共通の利益となっており、域内外諸国の軍のみならず、国際機関や各国政府機関、NGO等、政府組織及び非政府組織が混然となって積極的な協力態勢をとっているのが時代の潮流である。そして、HA/DRにおいて、空母が活躍する領域は多大なものがあることを示している。

　米海軍大学のエリクソン（Andrew S. Erickson）教授とウイルソン（Andrew R. Wilson）教授は、空母に関して興味深い分析をしている[9]。2004年のスマ

トラ沖地震は、中国に次の2つのことを知らしめた。その1つは、米空母の活躍により、米国がインドネシア等の近隣諸国との関係が良好となったこと。そして、2つ目はもし中国が、東南アジアに空母を配備することができれば、主導権をとれることである。また、中国海軍ドクトリンと空母関係を分析した米海軍のコステカ（Daniel J. Kostecka）上級分析官は、空母と近代の強襲揚陸艦は、HA/DRのみならず、様々な非伝統的安全保障に係る作戦に適しているとしている。そして、中国の空母は、第1に非伝統的安全保障任務で東アジアに展開できる都合の良い機会を得るとともに、第2に国際的責務を果たすことにも通じ、さらに第3に訓練機会の効用もあると分析している[10]。

英シンクタンクの国際戦略研究所（IISS）も、9月6日に発表した『2011年戦略概観（Strategic Survey 2011: The Annual Review of World Affairs）』において、中国が領土や海洋権益をめぐって恫喝的な外交や行動を展開し、国際社会の常識に挑戦するのが日常茶飯事になったと指摘している[11]。南シナ海における中国空母の存在は、伝統的安全保障問題と非伝統的安全保障問題への関与を区別することを極めて難しいものにしている。まさに、中国の空母は、国際社会に対する「ゲーム・チェンジャー（Game Changer）」[12]、つまり挑戦的存在の象徴となっているのである。

それでは、この南シナ海を取り巻く環境下、日本は、今、どのような関与をすることができるであろうか。その手掛かりを、ARFとHA/DRに求めてみる。

---

9) Andrew S. Erickson and Andrew R. Wilson, "China's Aircraft Carrier Dilemma," *Naval War College Review,* Vol. 59, No. 4, Autumn 2006, pp. 13-45.
10) Daniel J. Kostecka, "From the Sea: PLA Doctrine and the Employment of Sea-Based Airpower," *Naval War College Review,* Vol. 64, No. 3, Summer 2011, pp. 23-24.
11) The International Institute for Strategic Studies, *Strategic Survey 2011: The Annual Review of World Affairs.*
12) Elizabeth C. Economy, "The Game Changer: Coping With China's Foreign Policy Revolution," *Foreign Affairs,* Vol. 89, No. 6, November/December 2010.

第 2 節　ARF における HA/DR の位置づけ

　アジア太平洋地域においては、2 つの特徴が顕著である。1 つは安全保障の観点から、潜在的な伝統的安全保障上の脅威とテロに代表されるような顕在的な非伝統的安全保障上の脅威が混在していることである。もう 1 つは、経済の観点から、EU に匹敵する域内貿易依存度を達成し、「デファクトの統合」と呼ばれる状況となっていることである[13]。このような経済的統合・政治的未統合という、いわゆる「停滞する地域統合」状態となっているのである。

　そのような情勢下にあって、アジア太平洋地域における安全保障分野の協力を推進してきたのが、ARF であることは間違いない。いわゆる弱者の連合体で「トーク・ショップ」に過ぎない、アジア太平洋地域の秩序を支えてきたのは米国の軍事的プレゼンスに他ならないと批判する声もある[14]。しかしながら、ASEAN 域内では隣国同士の国境画定に係る紛争はあるものの、その紛争は全面戦争を誘発するものとはなっていないといった一定の成果を挙げているのもまた事実である。

　ARF における参加諸国間の合意は、毎年夏に開催される閣僚会合における議長声明という形で発表される。閣僚会合の準備を行うため、毎年春には、高級事務レベル会合（Senior Officer Meeting: SOM）が開催される。1996 年からは、実務レベルの各種会合が開催され、2002 年以降、閣僚会合に先立って、ARF 防衛当局者会合（Defense Officials' Dialogue: DOD）も開催されるようになり、防衛当局の関与が高まっている。また、次の会合までの会期間会合（Inter-Sessional Meeting: ISM）が開催され、定期的に国際情勢に応じた適時な議題を議論する上で重要な位置づけにある。さらに、信頼醸成措置及び予防外交に関する会期間支援グループ会合として、毎年秋と春、事務レベル（課長級）会合である ISG（Inter-sessional Support Group on Confidence

---

[13]　伊藤憲一・田中明彦『東アジア共同体と日本の針路』NHK 出版、2005 年、35 頁。
[14]　David Martin Jones and Michael L. R. Smith, "ASEAN Imitation Community," *Orbis*, Vol. 46, No. 1, December 2002.

Building Measures and Preventive Diplomacy）が開かれ、具体的な活動についての協議も進展している。このようにARFは、アジア太平洋地域における唯一の全域的な多国間安全保障対話の場として、毎年、夏の閣僚会議に向けて、会合を通じての対話を重ね、着実なステップアップを図っている。参加諸国間の対話と協力を積み重ね、慣例化してきたことは、多国間協力を推進する大きな可能性を有していることを示している。

　ここで、ARFの各種会合を、主として、HA/DRの観点から概観し、その深化の方向性について分析してみる。1997年、「災害救助に関する第1回ISM」が開催され[15]、HA/DRを具体化するものとして、連絡先の交換や災害救援に関する情報交換要領等について合意した。また、この会合は訓練の実施や専門家ディレクトリーの作成等、経験と訓練の共有を通じた災害準備態勢を向上させるための協力を推進するとともに、手続きの標準化範囲の拡大、各国の災害救援能力及び地域的データベースの作成等、災害救援の運用能力を向上させることについて、将来的に検討を進めることとされた。

　1998年の第5回閣僚会合において、HA/DR活動はさらに進展した。「災害救援に関する第2回ISM」が開催され[16]、災害管理のあらゆる局面における協力が地域的信頼醸成というARFの目的に重要な貢献をすることに合意した。また、ISMの継続を通じて災害管理における地域協力が促進される可能性があることを確認した。

　2005年の第12回閣僚会合では、東ティモールが初参加し、2004年のスマトラ沖地震を踏まえて、「災害救援に関するISM」の再開が決定され、再活性化された[17]。

---

15) "Summary Report of the ARF Inter-Sessional Meeting on Disaster Relief, Wellington," February 19-20, 1997, http://www.aseanregionalforum.org/PublicLibrary/ARFChairmansStatementsandReports/SummaryReportoftheARFInterSessionalMeeting/tabid/187/Default.aspx.

16) "Co-Chairmen's Report of the Second ARF Inter-Sessional Meeting on Disaster Relief, Bangkok," February 18-20, 1998, http://www.aseanregionalforum.org/PublicLibrary/ARFChairmansStatementsandReports/CoChairmensReportoftheSecondARFInterSessi/tabid/181/Default.aspx.

17) "Chairman's Statement The Twelfth Meeting of the ASEAN Regional Forum（ARF),

新たな枠組みへの拡大については、2005 年 12 月に初めて開催された東アジア首脳会議（East Asia Summit: EAS）がある。日本は、ASEAN＋3（日中韓）に加え、豪州、ニュージーランド、インドが参加することを支持して、実現した。その狙いの 1 つは、将来の東アジア共同体のメンバーシップを拡大し、中国の影響力を薄めるところにあった[18]。EAS は、東アジアの平和と安定及び経済的繁栄を目的として、共通の利益に関わる戦略、政治及び経済の広範な問題について対話を行うために創設され、各国は国際的規範及び普遍的な価値の強化に努力することを宣言した。その中で、自然災害の被害軽減等の分野で協力を進展させることを具体策の 1 つとしていることは興味深い[19]。また、2011 年には、米露が初参加し、南シナ海問題、不拡散、気候変動等の分野での協力強化が期待されており、今後における進展の可能性を示している[20]。

2006 年 5 月からは、域内の防衛当局間の閣僚会合である ASEAN 国防相会議（ASEAN Defence Ministers' Meeting: ADMM）が開催され、以後、毎年定例化している。これに加えて、2010 年 5 月の第 4 回 ADMM において、日本を含んだ域外 8 か国（米国、中国、ロシア、豪州、インド、韓国、NZ）を新たに加えた拡大 ASEAN 国防相会議（ADMM プラス）の創設が決定され、同年 10 月には第 1 回 ADMM プラスが開催された。会議では、今後の協力分野として、① HA/DR、②海上安全保障、③テロへの対応、④防衛医療、⑤平和維持活動、の 5 分野から協力を始めること、伝統的・非伝統的分野の様々な問題を幅広く取り上げることが確認された[21]。そして、会議に参加した安住淳防衛副大臣は、「今後、HA/DR、地雷・不発弾処理、PKO 活動

Vientiane," July 29, 2005.
[18] 大庭三枝「『東アジア共同体』論の展開―その背景・現状・展望」高原明生他編・アジア政経学会監修『現代アジア研究 1　越境』慶応義塾大学出版会、2008 年、458 頁。
[19] "Kuala Lumpur Declaration on the East Asia Summit, Kuala Lumpur," December 14, 2005, http://www.aseansec.org/19098.htm.
[20] 『共同通信社』2011 年 5 月 27 日。
[21] Chairman's Statement of the First ASEAN Defence Ministers' Meeting-Plus: "ADMM-Plus: Strategic Cooperation for Peace, Stability, and Development in the Region, Ha Noi," October 12, 2010, http://www.asean.org/25352.htm.

などの非伝統的安全保障分野におけるキャパシティ・ビルディング支援に積極的に取り組んでいきたい。」[22]と主体的、積極的な参加方針を示した。このADMMプラスの開催は、地域の安全保障・防衛協力の発展、深化の促進という観点から極めて意義深いことである。

2006年9月には、中国・青島において、インドネシア及び中国が共同議長を務めた「災害救援に関する第6回ISM」が開催され、米国、中国、豪州、EU、インドネシア、マレーシアが、ARFにおける災害救援を更に進めるため、当面の取組の調整役となることを決定し、2007年8月、国際的な協力にあたって考慮すべき「災害救援協力に関するARF一般ガイドライン」を策定した[23]。

2008年の第15回閣僚会合では、昨今のサイクロンや地震等の経験を踏まえ、今後、ARFにおいて災害救援の分野での協力を一層進めることで一致した。その具現化策として米国は、ARFをより実践的な場にすべきだとしてフィリピンとともに災害救援に係る合同演習を提案し、実施が決定されたことは画期である[24]。また、テロ対策、災害救援、不拡散、海上安全保障、PKOの5分野に活動を集中することが確認されたことは、今後の方向性を見る上で意義深い。

また、中国もHA/DRにおける関与を深め、2008年6月、「第2回ASEAN＋3災害救援ワークショップ」を主催し、災害救援の際の協力メカニズムと作戦規定の標準化について討議している[25]。

2009年の第16回閣僚会合では、2020年のARFが目指すべき姿をまとめた「ARFビジョン・ステートメント」が採択され、ARFを行動指向型

---

22) 「拡大ASEAN国防相会議（ADMM）副大臣スピーチ」防衛省、2010年10月、http://www.mod.go.jp/j/press/youjin/2010/10/12_speech.html。

23) ARF General Guidelines for Disaster Relief Cooperation, Manila, Philippines, August 2, 2007, http://www.asean.org/publications/ARF06-09.pdf.

24) "Chairman's Statement of the 15th ASEAN Regional Forum Singapore," July 24, 2008, http://www.aseanregionalforum.org/LinkClick.aspx?fileticket=Hn4UnDG3WVY%3d&tabid=66&mid=1009.

25) China's National Defense in 2008, http://www.gov.cn/english/official/2009-01/20/content_1210227_15.htm.

（action-oriented）のメカニズムにするための指針が明示されたが[26]、今後、ARFとして行動を指向し、協力強化を図ることに合意された意義は大きい。

　2009年の第3回ADMMでは、ASEANの災害管理・緊急対応に関する合意及び標準運用手続（SOP）を踏まえつつ、HA/DRにおけるASEANの活用に関するコンセプト・ペーパーが採択された。そして、自然災害・人為的災害における被害を減らすため、ASEAN諸国の防衛当局間で災害管理における運用改善のための協力促進を確認しあった[27]。

　このように、近年、ARF諸国等の主要国間で、HA/DRにおける多国間協力に対する関心が高まっており、より実際的な協力が模索され始めている。ARFにおける多国間協力は、アジア太平洋地域の安全保障に多大な影響を及ぼす重要なファクターであることは疑いない。特に、定期的に開催されているARFのISMにおいて、HA/DRのみならず、テロ対策、不拡散、海上安全保障、PKO等の非伝統的安全保障問題が活発に議論され、それらの多国間協力に向けた近年の動きは、着実な進展を示している。また、より専門家レベルで政府、民間レベルの各種セミナーも盛んであり、対話、交流、セミナー、オブザーバー参加、シンポジウム等を行い、ルール作りや実際的な協力の段階に達している。こうした多国間協力を通じ、経験とノウハウを共有し、地域ならびに国家の対処能力を高め、非伝統的安全保障問題に対する能力を向上させることができるのである。

　日米双方にとっても、この思惑は一致している。2011年6月21日、ワシントンで開催された日米安全保障協議委員会（2＋2）の最大の成果は、日米共通の戦略目標を全面改定したことであるが、そのなかでも日米韓、日米豪等の3か国間協力・多国間協力、HA/DR、航行の自由が強調され、これらを通じた効果的な協力について言及された意義は大きい[28]。今後、多国間

---

26) "ASEAN Regional Forum Vision Statement," Thailand, July 23, 2009.
27) "Joint Declaration of ASEAN Defence Ministers on Strengthening ASEAN Defence Establishments to meet the Challenges of Non-Traditional Security Threats, Chonburi," February 26, 2009.
28) 「日米安全保障協議委員会共同発表　より深化し、拡大する日米同盟に向けて：50年間のパートナーシップの基盤の上に」（2011年6月21日）。

協力が非伝統的安全保障問題において大きな役割を果たすことを通じ、それを土台に伝統的安全保障問題についても浸透できるよう深化させていくことが必要である。

第3節　災害救援実動演習の意義

　2004年のスマトラ沖地震等を契機に、ARF諸国等の主要国間で、HA/DR分野における多国間協力に対する関心が高まっており、より実際的な協力が模索され始めている。2008年のARF第15回閣僚会合の決定に基づき、2009年5月、米国とフィリピンが第1回災害救援実動演習を共同開催した[29]。この演習に、ARF-VDRという興味深い名称がつけられたことは注目に値する。日米中を含むARFメンバー26か国とEUが参加したARF発足以来、初の実動演習であった。海上における捜索救助、医療活動、建設活動等を含んだHA/DR演習であり、参加人員は総勢約570名に及んだ。

　まず計画段階においては、初の実動演習ではあったものの、最初の計画会議から米軍が共催国であるフィリピンをよく主導していた。ARF主導の演習であるため、フィリピンが前面に出て調整はするが、その会議の準備、細部調整の実施、ノウハウ等については米軍が主導権を発揮した。もちろん、日米同盟関係にある日本も、調整段階から多くの場面において協力支援を実施したが、日本が最も期待されたのが次回以降における米国に代わる、より主体的な関与である。日本が、米国と同様の会議体を成功裏に進める能力を有していることは、ASEAN諸国間でも周知の事実であり、日本に対する期待の大きさを窺えるものであった。

　次に、実施の段階においては、外務省・防衛省・JICA要員とともに協力しあい、各国とともに円滑な連携ができた。マニラ湾で行われた海上におけ

---

[29] Singapore Institute of International Affairs (SIIA), "ASEAN Regional Forum (ARF) Voluntary Demonstration of Response (VDR) exercise," April 6, 2009, http://www.siiaonline.org/?q=programmes/insights/asean-regional-forum-arf-voluntary-demonstration-response-vdr-exercise.

る被災者の捜索救助には、海上自衛隊の救難飛行艇（US-2）1機が参加した他、陸上自衛隊の医療・防疫・給水部隊及び航空自衛隊輸送機（C-130H）2機の合計約100名という開催国フィリピンに次ぐ最大規模の人員と装備品を派遣した。

　演習はフィリピンのルソン島を大型台風が襲い、ARF参加国が被災地の支援を実施するとの想定に基づき、マニラ等ルソン島3か所で医療活動や給水、建造物再建等が実施された。また、海上で船舶が遭難し、沿岸警備隊がまず駆けつけて乗員救助を行い、海軍艦艇がさらに救助活動を行うが、それでも間に合わないところに、US-2が飛来して着水し、ボートにより遭難者を救助するというデモが行われ、一番の注目を集めた。

　第1回災害救援実動演習の特徴は、各国ができる範囲、つまり、できる期間、できる場所で、できる部隊が、できることを実施したことである。まさに、自発的に（Voluntary）参加し、展示（Demonstration）でもいい、できることで対応する（Response）やり方である。このような要領をVDRアプローチと呼称する。そのできることとは、具体的に、部隊能力、部隊規模、財政的援助等様々である。実際の災害救援の内容は、医療支援、工兵支援等様々な分野に及んだ。医療支援には、問診による総合医療、予防接種、感冒薬の配布、歯科治療等である。工兵支援については、水タンクの修復、橋梁の補修、井戸の掘削、学校施設の修復等である。その一方で、人も物も出せない国々からの資金的援助も大いに有益であった。本演習は、ARFが対話の場から実動演習という行動の段階に踏み出したという点で極めて大きな意義を有している。文化や風習の異なる各国の軍隊や民間組織が協力して演習を計画・実施する一連のプロセスの積み上げが、関係各国との多国間協力を推し進め、日本の存在感を示すものとなった。

　第2回災害救援実動演習（ARF-DiREx2011）は、2011年3月15日から19日まで、日本とインドネシアが共同開催して、インドネシアのスラウェシ島（セレベス島）最北端のマナド市で実施された[30]。マナド沖でM7.5の大地震

---

30) 「ARF災害救援実動演習（ARF—DiREx2011）の開催について」外務省、2011年4月、http://www.mofa.go.jp/mofaj/arca/asean/arf/arf-direx2011/gaiyo.html。

が発生し、建物の倒壊や津波の発生により大規模な被害が発生、インドネシア大統領が緊急事態宣言を発出するとともに、ARF各国に支援要請するとの想定で実施された。演習には、ASEAN諸国、中国、豪州、EU、インド等計25か国・地域・機関以上から4,000名以上が参加し、捜索救助、陸海空オペレーション、共同運用センター・共同調整所の運営を含む実動演習、机上演習及び医療活動、建設・復旧活動が実施された。日本からは、当初、輸送艦「おおすみ」、航空自衛隊輸送機（KC767、C 130H）、陸上自衛隊及び航空自衛隊ヘリ等を含む自衛隊、国際緊急援助隊等約400名が参加予定であったが、3月11日に発生した東日本大震災への対処のため、全アセットの派遣を中止し、規模を縮小し約40名が机上演習のみに参加した。

この災害救援実動演習の意義としては、次の4つに整理することができる。第1に、各国それぞれが政治的、経済的、社会的制約を有しながらも、実施可能なことを自発的に実施したこと。これまでは、対話の積み重ねに終始していたが、それぞれが行動し共通の利益を模索し始めたのである。第2に、国家主体及び非国家主体による重層的な信頼関係を構築したこと。演習の計画・実施を通じ、各国・各種機関間の相互理解を深めることができ、大規模災害への対処能力を向上させるとともに、国際社会に対し大規模災害における多国間協力の重要性を訴えることができた。第3に、連絡調整手段を確認、確保することができたこと。そして、第4に、即応能力の向上が図れたことである。各国軍が参加したことは、HA/DRのみならず、他の非伝統的安全保障分野における即応と抑止の効果も併せもつものである。

このように「トーク・ショップ」と言われたARFが、実際に活動し始め、多国間協力への道を進み始めたことは、信頼醸成を深化させるものとして画期である。従来の進展の少ない、いわゆる静的な信頼醸成といったものから、動的な信頼醸成、つまり、実際の活動を伴ったより実効的なものへの契機と捉えることができる点で意義深い。これは、まさに、自発的展示（Voluntary Demonstration）から始めたからである。2011年の東日本大震災に代表されるように、アジア太平洋地域は地震・津波災害が頻繁に生起する地域であり、その対応には多国間による国際的な協力体制の構築が極めて重要

である。この演習は、同地域の取組の基盤となり得るものである。田中明彦は、漂流しつつある国際秩序において、世界的課題として、震災の被害を受けた日本だからこそ提起できる問題が、大規模災害協力であり、日本が世界を主導できる分野であると指摘している[31]。様々な要因が複雑に絡みあう中で、適切に管理する能力に長けている日本が主導できる分野が、まさにHA/DRにおけるVDRアプローチである。

第4節　ARFにおける日本の新たな役割

　ASEANにとって中国は、最大の貿易相手国で、2010年の総貿易額の占める割合は、域外輸出の16.8％、域内輸入の19.6％を占めている[32]。ASEANと中国の経済的関係が非常に強い一方で、安全保障上の懸念は払拭できていない。中国の台頭、とりわけ南シナ海における近年の活動活発化と空母の就役、及びARFの活動の深化等を踏まえれば、日本はどのような関与戦略をとらねばならないであろうか。より正確に言うならば、日米同盟やシーレーンの安全確保といった戦略的観点やASEANとの歴史的関係と地域の安定という観点等から、どのような役割を担わなければならないであろうか。

　アジア太平洋地域における伝統的安全保障問題としては、台湾海峡の緊張、北朝鮮の核問題及び朝鮮半島における緊張、インド・パキスタンの緊張、南アジアにおける核拡散等がある。しかしながら、各国の地政学的、歴史的、文化的要件の相違等により、共通の安全保障上の利益を打ち立てることは難しい。逆に、テロ対策、災害救援、不拡散、海上安全保障、地球温暖化・気候変動、感染症の拡大等の非伝統的安全保障問題は、国境を越える問題であることから、共通の安全保障問題として認識されやすい。これらの共通の安全保障問題に効果的に対処するためには多国間協力が不可欠である。

　アジア太平洋地域の秩序は、従来、ハブ・アンド・スポーク型、すなわち

---

[31]　『日本経済新聞』2011年9月13日。
[32]　外務省アジア大洋州局地域政策課「目で見るASEAN ― ASEAN経済統計基礎資料―」平成23年9月。

米国と各国間の2国間同盟と準同盟関係の束が維持されており、ARFにおいてもスポーク同士の関係は依然ゆるやかであった。そこでは、中国の国際社会への取り込みが期待されたが、逆に中国はARFを手掛かりに関与を徐々に強めてきている。このARFがおかれた国際環境の特徴としては、第1に行動の主体は必ずしも国家だけではなく、国際機関や多国籍企業、NGO等の非政府組織等も、グローバリズムの下では重要な主体となっていること。第2に、同地域における主要国である日米中は、GDPの第1位から3位を占める巨大な経済規模を有していること。第3に、同地域が多様性を特徴としていること。政治、経済、安全保障のいずれをとっても、横の広がりを持った連帯感が弱く、均質性や同質性が薄いだけに多国間での枠組みを考えるような方向性が比較的弱く、多様性は強みであると同時に、弱みとなっている。

ARFは、日米中を含む域内諸国の外相級が定期的に顔を合わせ、相互の信頼醸成を高める機会を提供している点に重要な意義を有するが、今後は、ARFを対話から行動に向けて発展させることが必要である。そこで、ARFが行動志向型の協力の例としてHA/DRを通じての多国間協力が新たな可能性として、共通の利益となり得るであろう。

そして、ARFを行動志向型の場へと改善していく上で、日本の協力と支援は非常に有効である。特に、HA/DRについて多くのノウハウを有する日本は、域内諸国が具体的な協力・連携要領を議論し、一定のルール等を策定した上で、訓練・演習を行い、地域の各種協力・連携要領にフィードバックさせていくというプロセスを繰り返すことなど、大いに貢献できる余地がある。また、各種の協力と連携は、地域内における災害対処能力が向上するのみならず、参加各国間の信頼醸成と相互理解も一層促進されることが期待できる。

そこで、HA/DRにおけるVDRアプローチの具体化策として、次の4点を挙げることができる。第1に、南シナ海における環太平洋合同演習・リムパック（RIM of the PACific Exercise: RIMPAC）の一部実施である。リムパックとは、アジア太平洋地域で実施されている最大規模の演習であり、当初の

目的は、旧ソ連艦隊に対抗するために、米海軍を中心に西側諸国海軍のインターオペラビリティの向上を図ることにあったが、冷戦後、演習の性格も変化してきた。現下の国際情勢を踏まえて、純軍事的なものから海賊の取り締まりや捜索救助、機雷掃海、HA/DR等、多様な事態への対処を盛り込んでいる。そして、近年は、より多くの国々からの参加を促している。したがって、リムパックの一部を多様な問題が混在している南シナ海において、ARFと連携しつつ計画・実施し、HA/DRを含んだ演習を、日本がVDRアプローチで主導することが可能である。その際、グアムを拠点として活用する他、港湾や基地施設等のインフラ及び海賊対処に対する実績を踏まえ、シンガポールとの積極的な調整も必要である。

　第2に、定例海上合同演習（Cooperation Afloat Readiness and Training: CARAT）への積極的関与である。これは、米海軍とアジア太平洋諸国が個別に毎年実施する軍事演習の総称であり、各国海軍のインターオペラビリティの向上等を目的としている。1995年、タイ海軍との演習が最初で、1996年、フィリピンやインドネシア、マレーシア、シンガポール、ブルネイが新たに参加した。2010年はカンボジアとバングラデシュも加わり、参加国は8か国となった。2011年6月28日、フィリピン南西沖のスルー海域において米第7艦隊とフィリピン海軍との演習が行われた。このようにCARATは、ASEAN諸国海軍との個別訓練を重点的に実施するものであり、各国の練度とニーズに合わせた演習構成を組み入れることが可能である。アジア太平洋地域の平和と安定のためには、海洋の安全保障への適切な対応なくしてはありえない。今後、同地域における責任大国として、CARATの計画段階から積極的に関与し、HA/DRを初めとした現実的なシナリオを追求、VDRアプローチによって演習を統制し、日米同盟を軸に、ASEAN諸国等との協力、連携を深化させていくことが可能である。その際、地域性を踏まえて豪州やインドとの協力拡大も視野に入れる必要がある。

　第3に、HA/DR協力に係るガイドライン作成といったルール作りの主導である。HA/DRは、国家のみならず、国際機関やNGO等、その参加主体と参加内容は広範多岐にわたることは、過去の実績を見るまでもない。2011

年の東日本大震災や 2004 年のスマトラ沖地震等において多くのノウハウを有している日本が、アジア太平洋地域における共通の利益となる HA/DR 協力に係るガイドラインの作成について主導すべきである。

第 4 に、関係国の HA/DR への備えとしての状況把握能力、救援輸送能力、通信能力の向上について支援することにより、貢献することができる。そのためは、キャパシティ・ビルディングが必要であり、ASEAN 諸国への US-2 等の売却とその運用、技術支援等はこの目的に資するであろう。

つまり、HA/DR への VDR アプローチは、面の安定を確保する安全保障の具現化策として期待できるものである。米海軍大学中国海事研究所所長のダットン教授も、非伝統的安全保障問題に係る地域協力により、米中にとって共通の利益を追求できると分析している[33]。これはまた、『歴史の終わり』の著者であるジョンズ・ホプキンス大学高等国際問題研究大学院のフクヤマ（Francis Fukuyama）教授が言う「多元的多国間主義」、つまり、世界政治は多様かつ複雑で、公式な国際機関ばかりでなく非公式な民間の機構や臨時の連合等を含めた幅広い国際組織を活用すると主張していることにも通じる[34]。このように VDR アプローチは、HA/DR のみならず、テロ対策、不拡散、海上安全保障、PKO 等の非伝統的安全保障問題においても、より効果的な多国間協力を推進させることができるであろう。

おわりに

太平洋（Pacific Ocean）と言われるのは、マゼラン（Ferdinand Magellan）が初めてこの海域を横断した際、無風平穏であったからだとされている[35]。しかし、国際政治のなかの太平洋は、歴史的に無風で平穏というわけにはいかなかった。近年顕著となっている中国の南シナ海における活発な活動は、

---

33) Dutton, "Three Disputes and Three Objectives: China and the South China Sea," p. 63.
34) Francis Fukuyama, *America at the Crossroads: Democracy, Power and the Neoconservative Legacy*, New Haven, Conn.: Yale University Press, 2007, p. 163.
35) 大辞林第 2 版。

日米経済の低迷等と相まって、アジア太平洋地域における力の構造を大きく変える可能性がある。

　2011 年は、日米安保条約調印 60 周年を迎えた日米同盟節目の年である。そして、選挙の年とも言うべき 2012 年には、アジア太平洋地域では、米国、中国、ロシア、韓国、台湾等で指導者が交代する。その中国は、「和諧世界」[36] を唱え、調和のとれた社会を目指す国家戦略を掲げているが、南シナ海をめぐる領有権問題で緊張が生じ、重大な局面を迎えるようなことがないように、多国間で協力し、連携し合う調和のとれた「和諧海洋」を目指すことが必要である。

　そこでは、まさに、日本の南シナ海への関与の仕方が問われているのであって、アジア太平洋地域における共通の利益として認識できる HA/DR に係る実動演習を、南シナ海において適応することであろう。

　今や、アジア太平洋地域における平和と安定を確保するため、日本が主体的により大きな構図を描き、国際社会において日本が生きる道を演繹的に求めることが必要な時代となりつつある。日本が同地域において主導的に安全保障上の責務を果たすためには、多国間で協力しながら、その前途をより具体的、合理的にあらゆる方向から考える必要があり、その 1 つの手段が VDR アプローチである。日本にとっても、ARF に属して HA/DR の分野で主導していくことは、友好な日中関係や ASEAN 関係等を維持することに寄与するとともに、北朝鮮等多くの国々との対話の機会も与えてくれるものである。だからこそ、そこに日本が安全保障上の活路を見出す可能性があるのである。

　まず、共通の利益である HA/DR から始めて、他の非伝統的安全保障への拡充を模索しつつ、伝統的安全保障問題へと浸透させることが、日本の防衛とアジア太平洋地域及び国際社会における平和と安定に寄与し得ることになるのである。

---

[36]　胡錦濤「努力建設持久和平、共同繁栄的和諧世界」『人民日報』2005 年 9 月 16 日。

略　語　表

略　語	英　語	日　本　語
A2/AD	Anti-Access /Area Denial	接近阻止・領域拒否
ADMM	ASEAN Defense Ministry Meeting	ASEAN国防相会議
CARAT	Cooperation Afloat Readiness and Training	定例海上合同演習
DOD	Defense Officials' Dialogue	防衛当局者会合
EAS	East Asia Summit	東アジア首脳会議
HA/DR	Humanitarian Assistance/Disaster Relief	人道支援／災害救援活動
ISG	Inter-sessional Support Group	会期間支援グループ会合
ISM	Inter-Sessional Meeting	会期間会合
JASB	Joint Air-Sea Battle	統合エアシーバトル
NAFO	Northwest Atlantic Fisheries Organization	北西大西洋漁業機関
QDR	Quadrennial Defense Review	四年毎の国防計画の見直し
RIMPAC	RIM of PACific Exercise	リムパック
SOM	Senior Officer Meeting	高級事務レベル会合

第 7 章　日米同盟の深化と防衛省・自衛隊
──協調と拒否による創造的関与戦略──

はじめに

　中国は、南シナ海仲裁裁判以降も、国際社会に挑戦するかのような強圧的な主張と挑発的な行動を繰り返し、その軍事能力は着実な進歩を遂げている。北朝鮮の核・ミサイル開発も余念がなく、秋田西方沖の日本の排他的経済水域内への中距離弾道ミサイル「ノドン」の着弾は、これまでの防衛態勢のあり方に衝撃を与えた。そしてバングラデッシュの飲食店襲撃テロによる邦人犠牲に象徴される国際テロの拡大、さらに自然災害の猛威も予断を許さない。このように、アジア太平洋地域には伝統的安全保障脅威と非伝統的安全保障脅威が織り成している。

　アジア太平洋地域における平和と安定を維持し、引き続き繁栄を享受するためには、中国の台頭を含む同地域をどのように管理するかにかかっている。これまで世界の警察官役を担ってきた米国は、アジア太平洋地域の重要性を認識し、「リバランス」政策を採用しているが[1]、依然他を凌駕する国力を有しているとは言え、拡大するテロへの対応や、イラクやアフガニスタンの戦後処理、厳しい財政事情等に頭を悩ましており、同盟国への期待は高まるばかりである。

　四面を海に囲まれた海洋国家である日本は、国際協調主義に基づく「積極的平和主義」を掲げているが[2]、将来にわたってアジア太平洋地域の平和と安定を保っていくためには、日米同盟を深化させることによって、他国との協力も拡大させていくことが必要である。

---

[1] U.S. Department of Defense, *Sustaining U.S. Global Leadership: Priorities for 21st Century Defense,* January 5, 2012.
[2] 「国家安全保障戦略」2013 年 12 月 17 日閣議決定、3 頁。

それでは、日米同盟の深化とは一体何を意味するのであろうか。それは、様々な制約下における従前の受動的な防衛から踏み出し、日本の防衛のみに留まらずアジア太平洋という「地域の安全保障」において、責任ある立場に立ち、法に基づいた主張と行動を明確に示すことである。なぜならば、それにより「地域の信頼関係」を増進し、「地域の力」を結集することができるからである。

　防衛省・自衛隊にとっても、今、日本の「積極的平和主義」をいかに具現化していくかが問われている。具体的には、東シナ海や南シナ海における平和で安定した地域秩序を維持するための主張と行動について、平素からより主導的な役割を果たすことであり、「地域」に立脚した新しいタイプの関係を構築していくことである。

第 1 節　創造的関与

　それでは、アジア太平洋地域の安全保障において責任ある立場に立ち、かつ日本の防衛とともに国際的な責務を果たすために、防衛省・自衛隊が、米軍との協力関係を深めながら、採るべきより実効的な戦略とは一体どのようなものであろうか。

　2011 年 12 月、米海軍作戦部長（当時）のグリナート（Jonathan Greenert）大将は、現下の厳しい安全保障環境を踏まえ、『2025 年の海軍（Navy, 2025: FORWARD WARFIGHTERS）』をまとめ、海軍・海兵隊が国家安全保障上、死活的に重要であるとし、「A2/AD 下で、最も重要なことは、環境に順応し、主導をとって、効果的な作戦を行うこと。」[3] と、環境への順応と主導性を重視した。つまり、著しく台頭する中国という安全保障環境を視野に入れれば、受動的ではなく、積極的に安定した地域秩序を創り上げていくことにより、主導性を確保することが重要なのである。

　防衛省・自衛隊は、日米同盟を深化させることによって主導性を確保した

---

3) Jonathan Greenert, "Navy, 2025: FORWARD WARFIGHTERS," *Proceedings,* Vol. 137/12/1, 306, December 2011, pp. 19-21.

地域秩序を積極的に創造することが必要である。それは、各国の国益に従い個別バラバラになりがちだった関与からの脱却を図るものでもあり、まずは日米の一体化を加速させることにより多国間への拡大を企図したものである。より具体的には、協調を促進しつつ、不断の警戒監視態勢をとることによって不安定要因発生の早期兆候察知に努め、そして、日米が協力して拒否できるような能力を保持することである。そして、法に基づいた主張と行動を示すことによって、安定した地域秩序を積極的に創り上げていくとともに、非平和的な手段による安定した地域秩序への挑戦を抑止するものである。それは、「協調と拒否」による「創造的関与（Creative Engagement: Cregagement）」とも言うべき戦略であり、関与の実効性を一層高めることが期待できる。積極的に国際協調を進めつつも、一方で拒否できるものでなくては実効性がないのである。

そこでは、日米が協力して、ASEAN諸国に影響力を行使することが極めて重要となる。アジア太平洋地域における米中のパワーバランスには明らかに変化が生じてきている。そして、中国とASEAN諸国の経済的なつながりは依然大きい。ASEANといった歴史や文化等が全く異なる国々の中で、海を通じた開かれた経済秩序によって相互利益の構造が機能することが重要であり、そのためには安全保障と経済の両輪が必要である。グローバリゼーションのプラスの側面を活かし、政府間のみならず、企業やシンクタンク、NGO等の民間チャンネルも重層的に活用することが必要である。

第2節　協　調

「創造的関与戦略」のなかでもまず何よりも重要なことは、協調である。例え中国が協調の意志を示さない場合にあっても、中国に国際社会の一員と認識させる国際的な努力は継続しなければならない。

第一に、中国をより建設的な方向に向かうように慫慂する「場を設定」し、「参加」を促すことである。中国が参加できるような多国間枠組みを設定するためには、「全政府アプローチ（a whole-of-government approach）」を

とり、可能なあらゆる手段を講ずることが必要である。具体的には、外交と防衛の両輪からなる安全保障分野のみならず、経済・文化・教育・技術分野との連携も考慮すべきである。また、国家主体のみならず企業や学術団体、NGO 等といった非国家主体によるアプローチも必要である。例えば、1993 年から外務省が推進しているアフリカ開発会議（Tokyo International Conference on African Development：TICAD）にならって[4]、防衛省をはじめとして様々な安全保障分野における国際会議を、日本において積極的に開催、支援していくことにより、中国との協調を深めることができるであろう。

　第二に、「平素における非伝統的安全保障分野における協力」である。人道支援／災害救援活動（Humanitarian Assistance/Disaster Relief: HA/DR）や海賊対処活動といった非伝統的安全保障分野は、今すぐ平素から協力できる分野であり、まずは、非伝統的安全保障分野の共同訓練を多国間で実施することである。なかでも、防衛省・自衛隊は、HA/DR、海賊対処や捜索救助といった海洋国家にとって必要な「戦闘行為を伴わない軍事活動（Non-Combat Military Operation: NCMO）」分野での訓練を主導することによって[5]、多国間訓練を通じた中国との積極的な軍事的協力関係も深めていくべきである。例えば、米海軍と ASEAN 諸国が、毎年各国の練度とニーズに合わせて個別に実施している定例海上合同演習（Cooperation Afloat Readiness and Training: CARAT）については、積極的に関与すべきである[6]。

　そして、第三に、「協調への理解」である。2009 年 11 月 14 日、オバマ（Barack Hussein Obama Ⅱ）米大統領は、日本において「アジア回帰」[7]を宣言したが、その政策の最大目標について、バーンズ（William J. Burns）米国

---

[4] 「アフリカ開発会議（TICAD）」外務省、2016 年 5 月 20 日、www.mofa.go.jp/mofaj/area/ticad/

[5] Takuya Shimodaira, "The Japan Maritime Self-Defense Force in the Age of Multilateral Cooperation," *Naval War College Review,* Vol. 67, No. 2, Spring 2014, pp. 52-68.

[6] 下平拓哉「南シナ海における日本の新たな戦略― ARF 災害救援実動演習を通じた信頼醸成アプローチ」『戦略研究』第 11 号、2012 年、53-54 頁。

[7] White House, Remarks by President Barack Obama at Suntory Hall, November 14, 2009, obamawhitehouse.archives.gov/the-press-office/remarks-president-barack-obama-suntory-hall/.

務副長官は、中国を抑止することではなく、中国とのパートナーシップ構築にあると語っている[8]。日本のみならず、アジア太平洋地域諸国及び国際社会にとって重要なことは、中国を取り込んだ実現可能な多国間枠組みを形成し、国際的なルールに従った秩序構築であり、そこにおいて日本との関係安定が中国の国益になると中国に認識させることが重要である。日本が進めるべき「創造的関与戦略」とは、米国とのみならず、中国とともに進めるものでもあるのである。

第3節　警戒監視

　手放しに協調を声高に唱えても、将来のアジア太平洋地域における平和で安定した地域秩序が確保されるほど、現実の国際政治は甘いものではない。協調する主張とともに行動が伴わなければ、平和と安定の理想は画餅に帰してしまうことを忘れてはならない。協調を進めているなかにあっても、平素の警戒監視活動は、情勢をいたずらにエスカレートさせない上で、極めて重要であり、段階的にコントロールしていく必要がある。

　第一に、法執行機関のみをもって情勢をエスカレーションさせないことが緊要である。中国海警局の艦船整備は急速の進展を見せており、その警戒監視能力は、質のみならず量的な側面で無視できない存在となりつつある[9]。さらにその構成も海上民兵を乗せた商船や漁船等も含み不透明な部分が多い[10]。平素からこれに応じていくためには、米国、豪州、インド、ASEAN諸国等の法執行機関の多国間協力と他省庁間協力が不可欠である。米海軍のマレン（Mike Mullen）元統合参謀本部議長は、かつて「1000隻海軍構想」

---

[8] William J. Burns, "Remarks William J. Burns Deputy Secretary The United States, Malaysia, and the Asia Pacific," December 15, 2011, www.state.gov/s/d/2011/178872.htm/.

[9] Ryan D. Martinson, "China's Second Navy," *Proceedings,* Vol. 141/4/1, 346, April 2015, pp. 24-29.

[10] Andrew S. Erickson and Conor M. Kennedy, "China's Maritime Militia," *CNA,* June, 2016.

を標榜し、海軍、民間及びNGO等の様々な主体による協力によって、海賊や災害等の海洋における様々な問題に対応すべきと唱えたが[11]、防衛省・自衛隊は、海上保安庁や民間及びNGO等と協力し、米国、豪州、インド、ASEAN諸国等との多国間協力を進めるべきで、例えば「日米豪印加韓ASEAN法執行機関1000隻」構想等も検討すべきであろう。

　第二に、国際紛争へのエスカレーションをさせないためには、極力不用意な軍事的接触を控えることが重要である。つまり、基本的にはこちらから相手に誤解を与えるような軍事的活動は控え、相手の軍事的活動に応ずる「リアクション・アプローチ（Reaction Approach）」に徹することである。その際に重要なことは、我の主張と行動の正当性を国内外に適時適切に説明できるように、行動の記録とともに、法とメディアを活用した正統性の積極的な主張である。例えば、尖閣をめぐって国際紛争を起こすことは、どの国にとっても生産的ではない。そこでは、日本の正統性と強い国家意志を国際社会に示すことが重要であり、メディアを通じて全世界に継続的に流布する必要がある。

　そして、第三に、警戒監視における日米同盟の一層の深化のための米軍と防衛省・自衛隊間の人的交流である。「スタッフ・アプローチ（Staff Approach）」とも言うべきものであり、具体的には、行動する日米艦艇にそれぞれのスタッフを配置し、意思の疎通と相互の強点相乗・弱点補強に従事することである。今や、サイバー空間や宇宙空間において戦う能力伸張が著しい中国に対し、作戦領域間の相乗作用を発揮するためには、平素からの協力が極めて重要である。まずは防衛省・自衛隊から、行動する米艦艇に常時スタッフを配員すべきである。

第4節　拒　否

　協調がなされず、抑止も破綻してしまい、低烈度紛争まで情勢がエスカレ

---

[11]　Mike Mullen, "Commentary: We Can't Do It Alone," *Honolulu Advertiser,* October 29, 2006.

ートした場合においては、相手にコストを科すことができる能力と意志が必要であり、それが「拒否」である。そして、このことを相手が理解できればできるほど効果的な抑止が期待できるのである。

　限りある兵力をもってアジア太平洋地域の平和と安定を担保していくためには、一時的に非対称の状況を作り出し、相手の「重心（center of gravity）」をつくことが肝要である。中国の重心は、その体制安泰にあり、つまり「リーダーシップ」そのものである。共産主義・権威主義国家はトップダウンで物事が決定していく。しかしながら、その政治的な「リーダーシップ」を倒せばよいかどうかは、そんなに簡単な問題ではなく、その崩壊はあるいは逆に不安定化を及ぼすことも大いに考えられる。したがって、軍事的「リーダーシップ」や海軍力の象徴への攻撃能力を保持することが死活的に重要である。

　日清戦争120周年の2014年7月の『環球時報』に、「中国空母の最大の目標は日清戦争で占領された尖閣諸島の奪回」との衝撃的な記事が掲載され話題となったが[12]、中国にとって海軍力の象徴は、米海軍と同様に空母であろう。中国は、将来四隻の国産空母を保有すると宣言しているが[13]、それに対応するために、防衛省・自衛隊も四隻の空母を保有するなど非現実的であろう。空母の維持と実戦化には莫大な費用と時間がかかるため、防衛省・自衛隊にとって、より効果的に、より確実に、そしてより遠くで、脅威を排除する能力を高めることが現実的である。

　象徴的な存在である空母を無力化させためには、相対的に非対称の状況を得やすい作戦領域における兵力の最大活用、すなわち、高性能な潜水艦、一時的な制海と航空優勢を得るための水上兵力と航空兵力とともに、島嶼部に配備された陸上兵力との協同がますます重要となるであろう[14]。また、あらゆる作戦領域に影響を与えるサイバーや電子戦能力の優勢を維持すること

---

[12]　『環球時報』2014年7月26日。
[13]　「中国高官首次証実在建新航母 日媒再炒中国威嚇」『環球時報』2014年1月20日、http://world.huanqiu.com/exclusive/2014-01/4769462.html。
[14]　下平拓哉「日米同盟の転換点―統合シーランド・アプローチ構想と日米同盟の深化」『海外事情』第60巻第7・8号、2012年7月、74-75頁。

が不可欠である。さらに、そのためには、日米協力の一層の強化とともに、豪州やインド、韓国、ASEAN 諸国といったアジア太平洋地域諸国や NATO 諸国も含んだ多国間協力の一層の拡大が重要である。そして、これらが、いつでも、どこでも有効に機能できてはじめて、まさに直接的な「拒否」となり得るのであり、その能力と意志があることを適時適切に国際社会に明示していくことが必要である。

おわりに

　2014 年 4 月 25 日の日米共同声明は、アジア太平洋地域の安全保障上、大きな画期となった。なぜならば、日米両国は、同地域の未来を形作る上でそれぞれが主導的な役割を果たすことを確認したからである[15]。

　現在のアジア太平洋地域の安全保障環境は、ますます複雑さを増し予見が難しい情勢下にあり、今後とも平和で安定した地域秩序を維持していくためには、従前の受動的な姿勢のみではすでに限界に達しつつある。自由や人権、民主主義、資本主義、法の支配といった普遍的価値観を共有している日米両国は、今後とも将来にわたって、ますますその関係を強化し、多国間の協力へと拡大させる必要があるが、そこでは日本は応分の責務を果たさなければならない。

　永井陽之助は、『現代と戦略』において、太平洋戦争を分析し、対日経済制裁による抑止が挑発となったことについて、「日米間の相互誤解の底には、文化の問題がひそんでいる。」[16] と、文化を異にする相手国への対応に警鐘を与えている。つまり、抑止する相手を慎重に見極めなければ逆効果にもなってしまう危険性があることを歴史は教えている。

　日本は、中国と歴史的、地政学的に長い関係を維持してきた。アジア太平洋地域における平和で安定した地域秩序を積極的に創造していくためには、

---

15) 「日米共同声明：アジア太平洋及びこれを越えた地域の未来を形作る日本と米国」外務省、2014 年 4 月 25 日、www.mofa.go.jp/mofaj/na/na1/us/page3_000756.html。
16) 　永井陽之助『現代と戦略』文藝春秋、1985 年、209 頁。

中国の主張と行動を冷厳に分析した上で、日米による具体的な主張と行動を起こすことが肝要であり、日本が果たすべき役割はますます高まってきている。そして同様に、防衛省・自衛隊にとってもより大きな役割が期待されているのである。

　防衛省・自衛隊にとって今必要なことは、国際協調主義に基づく「積極的平和主義」を踏まえ、国際社会において防衛省・自衛隊の「協調と拒否」による「創造的関与戦略」を積極的に主張し、主導すべき分野を明示していくことである。そこでは、防衛省・自衛隊が、米軍とともに、「地域の安全保障」を考え、「地域の信頼関係」を増進させ、平和で安定した地域秩序を維持するために、「地域の力」としてハード・パワーとソフト・パワーをいかに組み合わせていくかが鍵となる。「地域の力」を最大活用する、この地域立脚型安全保障努力は、防衛省・自衛隊にとって大きな知的挑戦の第一歩なのである。

第 8 章　日米同盟の転換点
――統合シーランド・アプローチ構想と日米同盟の深化――

はじめに

　冷戦終焉後 20 年余を経た今、21 世紀の世界の骨格は、太平洋から中東に至る海洋をめぐる多国間協調と対峙の関係に象徴される。中でも、国際政治の表舞台は太平洋に移り[1]、主役は太平洋を挟む米中に変わった。広範なパワーの源泉であった米国が衰退の兆しを示している一方で[2]、急速に興隆し、太平洋への勢力拡大を窺う中国の意図は隠すべくもなく、国際システムに変容をもたらしている。

　周知のとおり、日米同盟は半世紀以上にわたりアジア太平洋地域の平和と安定に中心的な役割を果たしてきた。森本敏は、日米同盟をアジア太平洋地域の安全保障の支柱と形容し、取り巻く安全保障環境の変化を踏まえ、日米同盟を深化させるため、日本が果たすべき役割と機能を真剣に考えるべきとしている[3]。

　そもそも、国家の生存と繁栄の多くを海洋によっている日本にとって、これまでの日米同盟の枢要な部分も海洋に係るものであった。その海洋において、昨今の中国の軍事力増強と軍事的活動の活発化は看過できないものとなってきている。それでは、日本は、日本の防衛とアジア太平洋地域の平和と安定を確保するため、どのような役割と機能を保持し、日米同盟の深化を担

---

1) The White House, "Remarks by the President on the Defense Strategic Review," January 5, 2012.

2) Robert Kaplan, "America's Elegant Decline," *The Atlantic,* November 2007; Kaplan, "A Gender Hegemony," *Washington Post,* December 17, 2008; Paul K. MacDonald and Joseph M. Parent, "Graceful Decline?: The Surprising Success of Great Power Retrenchment," *International Security,* Vol. 35, No. 4, Spring 2011, pp. 7-44.

3) 森本敏「日米同盟：今日的課題と展望」『海外事情』第 60 巻 1 号、2012 年 1 月、37-54 頁。

保することができるであろうか。

　台頭する中国や多様な不安定要因の顕在化に対するのに、勢力均衡理論のみでは、すでに現実的ではなく、そもそも今後、従来の安全保障概念をもって対応できるか否か未知数である。時代概念や安全保障概念というものは絶対的なものではなく、時代の変遷に伴い、変更を余儀なくされるパラダイムに過ぎない。確かなのは、現在の世界はより複雑多様であり、未来はより不確実であるということである。したがって、既存に囚われない新たな発想が求められているのである。

　ここで、政軍関係の権威で、『文明の衝突（The Clash of Civilizations and the Remaking of World Order）』において国民国家を越えた文明・文化の視座で国際政治を分析するといった[4]、言わばモダン的な視点を越えた論を展開したハンチントン（Samuel P. Huntington）の『国家政策と渡洋海軍（National Policy and the Transoceanic Navy）』に注目してみる。そこでは、リアリストとしてあくまで国民国家中心の視座を根本に据え、国家に洗練された軍事戦略がなければ、国家指導者と国民が混乱することを強調し、国家政策に対して軍隊の役割を定義づけする際、戦略概念と国民の支持、組織構造の３つの要素が不可欠としている。戦略概念とは、国家を守るために、いつ、どこで、どのように、を記述するものである。国民の支持とは、国家目標を達成するために不可欠な資源の能力を取得するために必要である。そして、組織構造とは、戦略を実施するために論理的かつ効率的な組織化をしなければならないとして、「渡洋海軍（Transoceanic Navy）」という概念を提示した。そこでは、「浮き基地システム（Floating base system）」の必要性を導き、作戦地域に近い陸上と海上において実効的機能を最大限に発揮させることの重要性を説き、新たな海軍ドクトリンの基礎は、分散と機動力と柔軟性にあるとした[5]。これらが、日本の防衛とアジア太平洋地域の平和と安定を確保するた

4） Samuel P. Huntington, *The Clash of Civilization and the Remaking of World Order,* Simon & Schuster, 1996.

5） Samuel P. Huntington, "National Policy and the Transoceanic Navy," *Proceedings,* Vol. 80, No. 5, 615, May 1954.

めに必要な新たな日本の海上防衛戦略においても、主要な構成要素になるのではないであろうか。

　本章では、先ず、日本に押し寄せる中国の軍事的パワーの評価を行い、アジア太平洋地域の戦略環境と安全保障戦略の特性を明らかにする。次に、将来必要とされる日本防衛戦略について考察し、最後に、今後求められる新たな海上防衛戦略について提言し、日米同盟が転換点にあることを明らかにする。

第1節　顕在化する中国の軍事的パワー

　山本吉宣は、アジア太平洋地域の安全保障環境を、モダンな面とポスト・モダンな面との両方が見られるポスト・モダン／モダンの複合体になっているとしている[6]。また、古田博司も、東アジアの政治体制における断裂面を捉えて、「東アジア異時代国家群」と称し、日本だけが、民主主義の成熟したポスト・モダン段階にあり、韓国は民主主義が流産したポスト・モダン、中国はモダン真っ盛りであり、北朝鮮はプレ・モダンに移行してしまったとしている[7]。

　このような複雑多様安全保障環境下にあるアジア太平洋地域における現在の中国は、典型的なモダン国家であり、富国強兵により覇権国家を目指している。中国の仮借のない勢力拡大が周辺諸国との摩擦を引き起こしかねない状況が続いている。これに対する米国の政策は、ニクソン訪中以来、中国を国際社会に組み込こませる関与戦略を基本とし、中国がそれに従わない場合に備え、同盟関係の強化等のヘッジ政策を採ってきたが、今後とも引き続き通用するとは限らない。また、軍事力を増強し、活発な軍事的活動を続け

---

6)　山本吉宣「国際システムの変容と安全保障―モダン、ポスト・モダン、ポスト・モダン／モダン複合体―」『海幹校戦略研究』第1巻第2号、2011年12月、5頁。ここで、山本は、安全保障の重点や軍隊の機能が、相手を軍事的に打ち破ることから、治安とか安定化が顕著になってきている国際システムの変容について、モダン、ポスト・モダンという概念を使用している。

7)　古田博司『日本文明圏の覚醒』筑摩書房、2010年、182頁。

る中国台頭という日米がともに直面しているこの戦略的現実に対する解決策は、現在のところ存在しない。

　ここで、中国の軍事的活動にはどのような特徴があるか、伝統的な側面と最近の動向の2面から、考察してみる。まず、伝統的な側面については、対中外交の大家キッシンジャー（Henry Kissinger）が端的に論じている。『中国論（On China）』において、中国外交の優越性として、どんな問題においても一気に黒白つけることはめったになく、相対的な利益の蓄積を理想として、忍耐を重んじる外交と称している。そして、その基盤として、孫子の兵法を受け継いだ毛沢東の「遊撃戦論」、「持久戦論」に言及し、「敵進我退、敵駐我攪、敵疲我打、敵退我追（敵が前進したら我撤退し、敵が野営したら我悩まし、敵が疲れたら我攻撃し、敵が撤退したら我追撃す）」が不変的な特徴であるとしている[8]。

　次に、最近の動向に関しては、次の2つの傾向を読み取ることができる。第1に、陸から海へのアプローチである。米海軍大学のエリクソン（Andrew S. Erickson）とヤン（David D. Yang）によれば、中国の対艦弾道ミサイル（Antiship Ballistic Missile: ASBM）能力が、抑止、軍事作戦、軍備管理、勢力均衡についてのパラダイム・シフトをもたらすとし、なかでもDF-21D/CSS-5について着目している[9]。そして、日本全土ほぼすべてを射程約1,500km内に含むASBMの配備により、接近阻止・領域拒否（Anti-Access/Area Demial: A2/AD）戦略を進め、中国の指導者は戦争を求めず、むしろ核心的利益を守り、国内経済発展のために安定した環境を得ることを求めており、特に、海上安全保障については、陸上からのアプローチ、つまり、制海を確保するための陸上を使用するとしている[10]。

　また、米海軍大学のエリクソンとゴールドステイン（Lyle Goldstein）、ロード（Carnes Lord）は、中国は恐るべき接近阻止能力を有した地域的海軍力

---

[8] Henry Kissinger, *On China,* Penguin Press HC, 2011.
[9] Andrew S. Erickson and David D. Yang, "Using The Land To Control The Sea?: Chinese Analysts Consider the Antiship Ballistic Missile," *Naval War College Review,* Vol. 62, No. 4, Autumn 2009, pp. 53-54.
[10] Ibid., p. 77.

であり、DF-21Dが象徴するように、「海を制するために陸を使う（using the land to control the sea）」といった、米国とは全く異なった海上作戦を展開するとしている[11]。

これらのエリクソンらの分析からは、ASBMを中核としたA2/AD戦略には、中国の軍事戦略の根底にある毛沢東以来の長期不敗の戦略眼が現在も維持され、海の支配のために広大な陸を利用する視点を窺うことができる。つまり、陸からの海への支配といった、いわば「フロム・ザ・ランド（From the land）」とも言うべきものである。

第2に、多国間協力の推進である。新太平洋研究所のホッパー（Craig Hooper）によれば、中国は、多国間協力を進めることにより、国際的な信用を得てきており、訓練ベースの作戦を進めているとしている。そして、米国がこれまでのように好きなように太平洋に関与できる時間はほとんど残されていないと分析している[12]。また、米海軍のコステカ（Daniel J. Kostecka）上級分析官は、より重要なことは、中国が空母と現代の強襲揚陸艦の「柔軟性（flexibility）」に気づいたことであるとし、様々な非伝統的安全保障任務、つまり、海賊対処、PKO、人道支援／災害救援、平時のプレゼンス等を行う能力を有し、強力な外交手段になるとしている[13]。

これらから、中国は、伝統的な長期不敗の戦略に立脚した上で、その手段として多国間協力を推進し、その関心は非伝統的安全保障分野にまで拡大していることがわかる。2011年の『米国防戦略』においても強調されているように[14]、中国の軍事的発展、特にその方向性を速やかに察知するため、中国が発する主張と実際にとられている行動については注視する必要がある。

---

11) Andrew Erickson, Lyle Goldstein, and Carnes Lord, "When Land Powers Look Seaward," *Proceedings,* Vol. 137/4/1, 298, April 2011, pp. 18-23.
12) Craig Hooper and David M. Slayton, "The Real Game-Changers of the Pacific Basin," *Proceedings,* Vol. 137/4/1, 298, April 2011, pp. 43-45.
13) Daniel J. Kostecka, "From the Sea: PLA Doctrine and the Employment of Sea-Based Airpower," *Naval War College Review,* Vol. 64, No. 3, Summer 2011, pp. 26-27.
14) Michael G. Mullen, *National Military Strategy of the United States,* Washington, DC, February 8, 2011, pp. 7-14.

第 2 節　アジア太平洋地域の戦略環境と安全保障戦略

　我々は今、複雑で多様な世界に生きている。世界のグローバル化はもはや誰も止めることはできず、国民国家もグローバル化に対応して変容していかざるを得ない。今後は、このグローバル化を所与の条件として考えていかなければならず、従来では考えられなかったことが現出してくる。

　激変する世界で生き残るためには、確固とした戦略を掲げ、組織し、柔軟に対応していくしかないことは歴史が教えてくれる。日本が位置するアジア太平洋地域は、発展の度合いもこれまで経験してきた歴史も、日本とは全く異なり、さらに、テロ等の非国家主体の脅威と伝統的な国家主体の脅威が混在している。そして、台頭する中国を眼前におく日本は、地政学的に縦深性がない。

　ここで考えなければならないのは、日本の安全保障は、一国の問題のみならず、日米同盟の問題でもあり、地域、そしてグローバルな問題でもあるということである。9.11 テロ、3.11 大震災、そして中国の台頭というアジア太平洋地域を取り巻く国際環境の実相を見れば、21 世紀は、米国ですら一国のみで自国の安全を確保することが不可能な時代となってきている。そして、日本にとって重要なことは、日米同盟深化の具体的な方策の 1 つである明確な役割分担とともに、中国との協調を促進していくことである。また、脅威の多様化・広域化に伴い、持たざる国・日本の合理的選択肢としては、シーレーンに死活的利益を有する自由・民主主義諸国との連携を強化する基盤作りが必要であろう。

　今や、アジア太平洋地域の戦略環境は多国間協調の時代にあると言え、他国との協調なくして日本を防衛することは難しくなってきている。そして、国際的に孤立することは危険であることを歴史は示し、協調が得られない場合にあっても、国際的な協調が得られるまで耐えることが必要である。

　つまり、アジアと世界の変動の流れに歩調を合わせつつ、不確実な未来において生き残っていく戦略を構築し、具体的な設計図を描いていかなければならない。そのためには、同盟国米国と役割とパワーをより積極的に分担し

ていく新たな気概が必要であり、安全保障分野における日米協力をより深化させるための新たな防衛協力が必要である。そして、多国間協調にあたって重要なことは、国際社会から逸脱するような主張と行動に対しては厳格に対応し、紛争を予防することである。2007年10月、米海軍作戦部長、米海兵隊司令官、米沿岸警備隊司令官3名の連名で初めて署名された『21世紀の海軍力のための協力戦略（A Cooperative Strategy for 21st Century Seapower）』においても、紛争の予防が、紛争の勝利と同様に重要であることが強調されているとおりである[15]。そして、国際社会、とりわけアジア太平洋地域諸国との信頼を構築し、かつ国民の理解と支持を得るためには、開放的であることが重要な手段となる。

　時代にかかわらず国家にとって、最低限避けなければならないことは、「敗北」である。圧倒的な軍事的優位性を有していた米国が勝利することができなかったベトナム戦争の教訓は示唆的である。永井陽之助の『時間の政治学』によれば、ベトナム戦争の意義を、軍事的「能力」の闘争から、「意志」の闘争への転換を意味するものとした。ここで、「能力」の闘争が空間的量的闘争であるのに対して、「意志」の闘争は、そのシステムの持つ持久力、つまり「時間」によって測られる犠牲（代価）の大きさで決定される紛争である[16]。そして、現代において考え得る非対称紛争においては、「能力」の闘争から、「意志」の闘争へと重点が移行するにつれ、「人的資源」とともに、「時間」という政治的資源がきわめて大きな比重を占めるに至ったとしている[17]。

　つまり、現代の紛争は、「意志」と「時間（持久）」の闘いである。したがって、「勝たなければ負ける」ではなく、「負けなければ勝てる」との戦略的発想の転換が求められている。そこでは、多国間協調の進展と国家の総力を結集することによって、不安定要因の顕在化を防ぐ紛争予防に努め、万が

---

[15] James T. Conway, Gray Roughead and Thad W. Allen, "A Cooperative Strategy for 21st Century Seapower," October 17, 2007.
[16] 永井陽之助『時間の政治学』中央公論社、1979年、60頁。
[17] 同上、70頁。

一、紛争に至った場合には、個々の軍事的勝利に拘泥せず、国家として相手にリスクを強要できるような「負けない」との強い意志を示し続けることである。そして、平素から、日米が協力し合って、アジア太平洋地域の平和と安定に積極的に貢献することを明示的あるいは暗示的に示すことにより、信頼関係を構築する必要がある。つまり、今、求められている安全保障戦略とは、「信頼構築戦略」であり、日米同盟を基軸に、多国間協調による「負けない」態勢を構築することである。

第3節　地政学的スマート・パワー投射戦略

　台頭する中国をどのように認識し、どのように評価するのか。ASBMは確かに脅威ではあるが、それを直接攻撃するには制約と限界がある。9.11テロでわかったことは、戦いに勝つことではなく、自国を守るために、負けずに生き残ることである。そして、3.11大震災においては、国家を挙げて自国を守ることの重要性を再認識することができたのである。

　ハンチントンによれば、米国の優位性が欠如した世界は、無秩序で暴力も多く、民主主義の度合いも経済成長も少ない。したがって、米国が国際的な優位性を維持することは、米国のみならず、世界の自由、民主主義、開かれた経済、そして国際秩序にとって不可欠な要素であるとしている[18]。ここで重要なことは、自由で、開放的であることにより平和と繁栄をなしている国際秩序の中において、日本も平和と繁栄を享受することができるということである。米国の相対的な力の低下は、より無秩序でより危険な世界を創出することとなる。したがって、アジア太平洋地域における平和と安定のため、日本にはより積極的な役割が求められているのである。

　伝統的ないわゆるゲリラ的戦略を展開する中国による不安定要因の顕在化に対しては、キッシンジャーが説く、ゲリラは負けなければ勝利するとの分析が[19]、大きな糸口を与えてくれる。そして、マック（Andrew Mack）が、

---

[18]　Samuel P. Huntington, "Why International Primacy Matters," *International Security*, Vol. 17, No. 4, Spring 1993, pp. 82-93.

非対称戦においては、相対的な意志あるいは関心の強さによって勝敗が決する、としていることも大きな手掛かりとなるであろう[20]。

日本は、中国に対して強者であろうか。中国の国内政治状況の不安定性があっても、経済的にも、軍事的にも将来的に進展する可能性は無限大である。地政学的に判断すれば、日本には縦深性がなく、むしろ防衛弱者と捉えるべきであろう。したがって、日本にとって必要なことは、弱者なりの将来的な備えである。大規模戦争は、誰もが望まないであろうが、小規模紛争発生の可能性は否定できず、また、いずれに対しても備えはしなければならない。

ここで、「信頼構築戦略」を達成するための日本防衛戦略を考える上で、構築しなければならない戦略と具備しなければならない戦力の２面から分析してみる。

まず、構築すべき防衛戦略については、マーレー（Williamson Murray）の視座を適応してみる。マーレーは、戦略とは、偶然性、不確実性、両義性が支配する世界において、変化する状況と環境に常に適応するプロセスであるとし、現代社会における戦略には、人間の情念、価値観、信念が伴っており、それらのいずれも数量化することはできない[21]。そして戦略は、多くの要素で構成されているが、最重要な要素は、地理、歴史、政治体制の性質（宗教、イデオロギー、文化、政治・軍事制度等の要素を含む。）、そして、経済的・技術的要素であるとしている[22]。

これに従って、「信頼構築戦略」を達成するための防衛戦略について導いてみる。第１に、地理と歴史。勢力均衡は、本質的に流動的で、すべてをこれに期待することは現実的ではなく、国家はある程度不変の目標と針路を追

---

19) Henry A. Kissinger, "The Vietnam Negotiations," *Foreign Affairs,* XLII, January 1969, p. 214.
20) Andrew Mack, "Why Big Nations Lose Small Wars: The Politics of Asymmetric Conflict," *World Politics,* Vol. 27, No. 2, January 1975, pp. 175-200.
21) Williamson Murray and Mark Grimsley, "On Strategy " in Murray et al, eds., *The Making of Strategy: Rulers, States, and War,* Cambridge: Cambridge University Press, 1994, p. 1.
22) Ibid., pp. 7-20.

求する。グレイ（Colin Gray）の言葉を借りれば、戦略の選択肢は実際には、地理によって大きい影響を受けている[23]。地政学的に、日本は島国であり、縦深性がない。海洋を利用した貿易国家であり、世界第6位の広さの排他的経済水域を擁する海洋国家である。そして、地理的に大陸の縁辺に位置することから、歴史的に常に大陸から影響を受けてきたのが特徴である。レビー（Jack S. Levy）やロス（Robert S. Ross）も、シー・パワーとランド・パワーのバランスの重要性を指摘しているように[24]、戦略の選択は、海洋志向と大陸志向のバランスを意味するものである。しかし、海軍の適切な役割とは何かといった根源的な問題は、永遠の問題であり、今日でもなお解決をみたとは言い難い状況である。

第2に、国内政治。現実においては、戦略の決定は国内政治によって大きく左右される。しかしながら、現在の日本の国内政治の不安定性が継続すれば、戦略構築上、プラスに作用する要因とはなり難く、また、将来も不明である。

第3に、財政。財政上の制約が戦略と戦力構築上の最も重要な決定要因になるという政治的現実が出現している。これは、日米共通の課題であるとともに、世界的な不安定要因でもあり、これも戦略構築上、プラスに作用する要因とは近い将来を含めてもなり得ない。

すなわち、不安的な国内政治状況下で、厳しい財政緊迫下の現状からは、地理を最大限に活用した戦略を構築する以外、日本に採れる戦略はないのである。多種多様な状況下で、敵に負けないような作戦をより効率的に実施するためには、地理を最大活用した兵力の適時適切な配分こそが特に重要となってくるのである。

戦略は、政策の1つの手段であり、限られた資源の中で、国家目標を実現

---

[23] Colin Gray, "Seapower and Western Defense," in Colin Gray and Roger Barnett, eds., *Seapower and Strategy,* Annapolis: Naval Institute Press, 1989, p. 289.

[24] Jack S. Levy and William R. Thompson, "Balancing on Land and at Sea: Do States Ally against the Leading Global Power?," *International Security,* Vol. 35, No. 1, Summer 2010, pp. 7-43; Robert S. Ross, "China's Naval Nationalism: Sources, Prospects, and the US Response," *International Security,* Vol. 34, No. 2, Fall 2009, pp. 46-81.

させる役割を果たす。そして、戦略は、それを実行する適切な戦力がなければ、成功を収めることはできない。したがって、次に、地理を最大限に活用しつつ、兵力を適時適切に配分するような具体的な戦力について、トフト（Ivan Arreguin-Toft）が指摘する、弱者が負けないためには主導権と忍耐が必要との視座を適応してみる[25]。

それでは、どのように主導権をとり忍耐し続け、負けない備えをする必要があるのであろうか。限られた戦力を最大限に発揮するために、より統合され、あらゆる作戦環境下で、現在も将来も、統合作戦を行う能力を保持することが最も効率的である。そのためには、ハンチントンが言うところの戦力を分散させ、ネットワーク化したつながりをもって結合し、機動性をもって分散された兵力を戦域に迅速に投入し、いかなる変化にも柔軟に対応できることが必要である。

これらから、弱者の立場にある日本にとっての防衛戦略とは、必要に応じて非対称の優位性を作り出すため、いつでも、どこでも、地理を利用して戦略的にスマート・パワーを投射することにより、アジア太平洋地域の平和と安定を保ち、信頼を構築することである。ここでのパワーの定義については、ナイ（Joseph S, Nye Jr.）が提唱するものを踏襲するが[26]、ソフト・パワーとは、「目に見えない（intangible）」影響力、ハード・パワーとは、「目に見える（tangible）」影響力と言い換えることができるであろう。つまり、従来のパワー概念にとらわれることなく、国家をあげての「目に見えない（intangible）」影響力と「目に見える（tangible）」影響力を適切に組み合わせるタイミングとバランス感覚が重要である[27]。また、非対称とは、時間的かつ地域的に、相手の弱点に対して、我の陸海空兵力を適切に組み合わせて対抗させることによって生起させる状況で、兵力、時間、地域の3つの関数

---

25) Ivan Arreguin-Toft, "How the Weak Win Wars: A Theory of Asymmetric Conflict," *International Security,* Vol. 26, No. 1, Summer 2001, p.123.
26) Joseph S. Nye Jr., *The Future of Power,* Public Affairs, 2011.
27) 田中明彦によれば、21世紀の世界システムにおいては、イシュー毎に対処できるパワーが重要であるとしている。（田中明彦『ポスト・クライシスの世界』日本経済新聞出版社、2009年、150頁。）

から決定されるものである。つまり、地理を最大限に活用して、分散させた兵力を保持し、機動力をもって迅速に展開でき、適切なパワーを組み合わせて柔軟な対応をとるスマート・パワーの戦略的投射である。これは、「地政学的スマート・パワー投射（Geopolitical Smart Power Projection: GSPP）」戦略とも言うべきものである。

具体的には、平素から、安定的かつ継続的にパワーを投射する「安定的ソフト・パワー投射（Stable Soft Power Projection: SSPP）」と、状況に応じて、選択的かつ集中的に、パワーを投射する「選択的ハード・パワー投射（Selective Hard Power Projection: SHPP）」の両輪が必要である。このように、ソフト・パワーを継続的に投射することによって、多国間協調を進め、影響力を行使するとともに、警戒監視態勢と即応態勢を維持しつつ、国際規範を無視するような非協調的行動に対しては、ハード・パワーを選択的に投射するものである。これは、『平成23年度以降に係る防衛計画の大綱』に示された能動的・動的な防衛態勢からも合理性が認められる[28]。

第4節　統合シーランド・アプローチ構想

アジア太平洋地域は、政治体制も異なり、領土関係や歴史的背景等により、根深い不信感も依然存在し、日本を取り巻く海域は緊張と対立に満ちたものとなっている。また、シーレーンを利用している諸国にとっても、リスクと不利益が及ぶ潜在的可能性に富んでいる。日本は、主として海を介して貿易をなし、豊かな経済を形成してきた状況は何も変わっていない。そのような中、米海軍大学のベゴ（Millan Vego）が指摘するように、中国が米国の主要な競争者になりつつあり、中国のA2/AD戦略は、無視することができなくなってきている[29]。

ここで、「地政学的スマート・パワー投射」戦略を達成するための新たな

---

[28]　「平成23年度以降に係る防衛計画の大綱について」（平成22年12月17日安全保障会議決定閣議決定）。

[29]　Millan Vego, "Naval Challenge," *Proceedings,* Vol. 137/4/1, 298, April 2011, p. 40.

海上防衛戦略について、マハン（Alfred T. Mahan）とコルベット（Julian Corbett）の現代的意義から検討を加えてみる。21世紀は、情報が世界を支配する時代である。通信科学技術等の進展により、従前の海軍戦略も適用しにくくなってきた。マハンが亡くなって久しいが、しかし彼を凌ぐ者は依然として現れていない。マハンは、シー・パワーの重要性を指摘して、海軍の必要性を平和な商船の存在によって生じるとし、平和の貿易のための拠点の必要性を説いている。そして、国家繁栄の基礎は貿易にあり、そのために強力な海軍と海軍基地を確立することの重要性を論じ[30]、米国の前方展開戦略の基礎を築いた。海軍の必要性を平和な商船の存在によって生じるとし、平和に貿易するための拠点の必要性を説いていることは、今日にも通じることである。

一方、コルベットによれば、政治目的達成のためには海洋が重要な役割を果たすとし、海洋戦略とは、通商破壊や通信連絡網の破壊等により、戦争を支配する原則を意味するとしている[31]。つまり、海洋戦略は、単独的な戦略ではなく、国家レベルの軍事戦略の海洋部分と考えることが適当である。そして、海洋戦略は、目的ではなく手段であり、目的は、平時においても、戦時においても、あらゆるパワーを海上及び陸上に投射することである。海軍力は、陸上の出来事に影響を行使できなければ、戦略的な意味を持たないとしている[32]。

マハンとコルベットに共通するキーワードは、国家繁栄のための貿易の重要性と拠点の必要性であり、そのために、いかにパワーを投射するかである。必要なことは、経済発展とグローバル化の恩恵を享受するために、開放的な海洋秩序を維持することであり、国際規範を逸脱するような主張や行動に対して国際社会を挙げて協調して対処することである。

ここで、ハンチントンが、「マハンが定義した海軍の任務は、もはや受け

---

[30] Alfred T. Mahan, *The Influence of Sea Power upon History 1660-1783*, Boston: Little Brown, 1890.
[31] Julian Corbett, *Some Principles of Maritime Strategy*, Annapolis: Naval Institute Press, 1988, p. 15.
[32] Gray, "Seapower and Western Defense," p. 291.

入れられることはないであろう。今後の海軍の目的は『制海』を獲得することではなく、『制海』を利用して陸上における優越を達成することである。特に、ユーラシア大陸を取り囲む決定的な『リトラル』の帯に適応すべきである。」[33] と、陸上に対する戦力投射能力の重要性を指摘していることは、今日の海上防衛戦略を考える上で注目すべき観点であろう。

したがって、「地政学的スマート・パワー投射」戦略を具現化するための海上防衛戦略は、陸上兵力との緊密な連携を主眼とした「統合シーランド・アプローチ（Joint Sea Land Approach: JSLA）」構想が必要である。状況の変化に、柔軟に対応することが戦略の本質である。アジア太平洋地域の平和と安定という「国際公共財」を確保するためには、不安定要因が顕在化することを防ぐことが重要であり、必要な時に、必要なところにおいて、影響力のあるパワーを投射する能力が必要である。つまり、様々な脅威に個々に対処することよりも、よくバランスされた兵力組成をもって、必要に応じて非対称な優位を確立することが重要である。その際、守るべき領土に位置する陸上兵力は、機動性に限界があるため、常に脅威に晒されやすく、脆弱である。したがって、海上におけるシー・ベーシング機能が、その脆弱性を補完して、領土を守ることが期待できるであろう。そして、これは、米国が提唱する「統合エアシー・バトル（Joint Air-Sea Battle: JASB）」構想[34] との共同により、一層の相乗効果が期待できるものである。島嶼部の多い日本の防衛に当たっては、とりわけ海上自衛隊と陸上自衛隊間の緊密な調整が必要である。

第 5 節　新たな海上防衛力と日米同盟の深化

「統合シーランド・アプローチ」構想を具現化するために必要な海上防衛力については、まず第 1 に、海洋の自由を担保する機能である。その際、シー・ベーシング機能が重要な役割を果たすであろう。そして、第 2 に、海から、統合作戦能力を発揮するためのパワー投射機能である。そこでは、海上

---

33) Huntington, "National Policy and the Transoceanic Navy," pp. 490-491.
34) U.S. Department of Defense, *Quadrennial Defense Review Report,* February 1, 2010.

優勢なくしてはシー・ベーシング機能は存在し得ないことに留意しなければならない。

つまり、「戦力投射艦隊（Power Projection Fleet: PPF）」と「海洋安定艦隊（Sea Stability Fleet: SSF）」が必要である。ここにおける海軍作戦の核心は、分散、機動力、柔軟性である。将来の軍事力は、作戦様相の複雑混迷化に伴い、統合作戦が主流となり、統合作戦において海軍に期待されている役割とは、陸軍力や空軍力を投入するための拠点の提供と支援である。そして、統合作戦を実施する際には、省庁間協力、多国間協力が不可欠となってくるであろう。

第1のPPFの核心は、シー・ベーシング機能である。シー・ベーシングは、21世紀の海軍力の中核を占め、統合作戦を成功させるための極めて重要な能力である[35]。シー・ベーシングにより、必要な時に、必要なところに、迅速に兵力を展開させ、補給物資を上陸させるために必要な活動を最小限にするとともに、上陸部隊の脆弱性を減少させ、作戦の機動性を向上させることが期待できる。米海軍大学のウリグ（Frank Uhlig. Jr.）は、これからの海軍力とは、艦艇と航空機が、必要な時に、必要なところに自在に行動でき、要すれば兵力を上陸させ、それらを支援するといった「目的中心戦（objective-centered warfare）」を主張している[36]。つまり、中国に対して防衛弱者の日本にとって、必要な時に、必要なところにおいて、非対称の優位性を確保し、不安定要因を顕在化させないよう、相手の脆弱性をつく戦略が必要である。

中東からマラッカ海峡、南シナ海、東シナ海を通じて日本に至るシーレーンは広大で、日本のみならず、世界の貿易と繁栄のかなり多くの部分をここに依存している。その一方で、この領域における米軍基地の密集度は低く、アクセスの保障も確実ではない。そして、陸上基地の脆弱性は、今後も変わ

---

[35] Charles W. Moore Jr. and Edward Hanlon Jr., "Sea Basing: Operational Independence for a New Century," *Proceedings,* Vol. 129/1/1, 199, January 2003, pp. 80-85.

[36] Frank Uhilg. Jr., "Fighting At And From The Sea: A Second Opinion," *Naval War College Review,* Vol. LVI, No. 2, Spring 2003, p. 51.

らない。したがって、シー・ベーシングの戦術的有効性を如何なく発揮する必要がある。

　第2のSSFは、必要な時に、必要なところにおいて、海上優勢を獲得する上で、鍵となるものである。そのためには、平素から主として航空自衛隊とともに、警戒監視を強化、継続することがあらゆる作戦の基盤であり、かつパワーを投射する上では不可欠である。一般的に海軍力が有用であり得たのは、海上での交易・輸送が陸路よりも遥かに迅速かつ安価で、大量輸送可能であるという条件があったためである。海軍力は、外交を補完する手段としての利点を備えており、ブース（Ken Booth）は、海軍の特性を、多目的性、制御性、機動性、戦力投射能力、近接の可能性、象徴性、持続性と7分類し、これらの特性は必ずしも同列ではなく、一般に制御性へと収斂されるとしている[37]。日本は、海洋国家として、海を制御することが必要であり、その中核がSSFであり、平素からの不断の活動である。

　元内閣総理大臣の中曽根康弘は、日米同盟を日本の外交・防衛戦略の要であり、東アジアの安定と世界平和のための礎石と形容し、同盟の深化について、「われわれ日本人一人一人が、これからの時代において、とくに世界やアジア情勢を見据え、客観情勢の変化に応じた主体性、自主性をもった同盟のあり方、方向性を考えていかなければならない。同盟の深化とはそのことである。」[38]と評価している。そこで、次に、日本の防衛とともに、日米同盟の深化を担保するため、「主体性と自主性」の視点から、新たな海上防衛戦略を捉え直すことにより、日本が果たすべき役割と機能を導出してみる。その際、ロンドン・キングスカレッジのティル（Geoffrey Till）教授が、国際システムの本質に変化が生じてきていることを踏まえ、ハイエンドからローエンドまでの海軍力がミックスされた「バランスのとれた多目的艦隊（a balanced "contributory" fleet）」が必要とし、協調的防衛の必要性を指摘してい

---

[37]　Ken Booth, *Navies and Foreign Policy,* New York: Holmes & Meier Publishers, INC, 1979, pp. 33-36.
[38]　世界平和研究所編『日米同盟とは何か』北岡伸一／渡邊昭夫監修、中央公論新社、2011年、5-7頁。

ることは興味深い[39]。また、米国においても、グローバル・コモンズに対する統合アクセスを保証する能力を維持しなければならないとし、その際、パートナー国と協力して、洗練され、かつ適当な兵力を構成する「ハイ・ロー」アプローチを採ることが望ましいとしている[40]。

したがって、日米同盟を深化させるためには、特に、法的制約が少ないローエンドの分野において、「戦闘行為を伴わない軍事活動（Non-Combat Military Operation: NCMO）」を日本が主導し[41]、米国を積極的に補完する必要がある。その際は、SSFが主体となるであろう。山本吉宣は、安全保障の多様化を指摘し、戦争とはまったく関係がない災害救助や防疫などの機能が注目されるようになってきたとしているように[42]、まさにこの分野において日本が主導していける大きな余地がある。ブースは、海軍の機能を軍事的役割、外交的役割、警備的役割に分類しているが[43]、今後の海上自衛隊には、これに民生的役割を加味する必要があるであろう。また、ハイエンドの分野においては、SSFが主体となって、主としてUSWとBMDといった面においては、従来にも増して米国を補完することが期待されるであろう。PPFは、統合作戦において海軍力を発揮する上での基盤であるため、特に半島や島嶼部等の局地において統合作戦を実施する場合には、ますます重要性が高まるであろう。

21世紀は、グローバル化が中心的事項であり、戦略環境に大きな影響を与える。グローバル化の状況は、国際政治を決定づける主要素であり、かつ海上防衛戦略を決定づける主要素でもある。海軍力は、様々な分野において挑戦する機会を提供することが期待できるのである。

---

39) Geoffrey Till, "New Direction In Maritime Strategy?: Implications for the U.S. Navy," *Naval War College Review,* Vol. 60, No. 4, Autumn 2007, pp. 39-42.
40) Douglas M. King and John C. Berry, "National Policy and Reaching The Beach," *Proceedings,* Vol. 137/11/1, 305, November 2011, pp. 20-24.
41) Richard Hunt and Robert Girrier, "RIMPAC Builds Partnerships That Last," *Proceedings,* Vol. 137/10/1, 304, October 2011, pp. 76-77.
42) 山本「国際システムの変容と安全保障」5頁。
43) Booth, *Navies and Foreign Policy,* p. 16.

おわりに

　20世紀最大の哲学者と言われたドゥルーズ（Gilles Deleuze）の『記号と事件』によれば、普遍的概念などなく、あるのは特異性だけであるとした[44]。また、経験論の大家ヒューム（David Hume）は、『人間本性論』において、因果律などない、あるのは出来事の連鎖だけだと言い切っている[45]。これらの言に象徴されるように、現在のアジア太平洋地域は、ウォルツ（Kenneth Waltz）が言うアナーキーだがカオスでない状態から[46]、よりカオス化が進み、一層予測不可能性が高まった状態である。したがって、戦争の類型を古いパラダイムと新しいパラダイムの2つに整理したスミス（Rupert Smith）英退役陸軍大将が言うように、現代の軍隊を新しい戦争の実態に合わせなければならない[47]。

　どのような状況の変化が生ずるか将来予測が難しく、現状も決して安定しているとは限らない国際情勢下で、変化に柔軟に応じて、「不敗」を維持すること、それが日本が構築すべき安全保障戦略「信頼構築戦略」である。そして、「地政学的スマート・パワー戦略」によって影響力を行使し、それを支える新たな海上防衛戦略が「統合シーランド・アプローチ」構想である。それは、個々の脅威への対処を主眼としたものから、アジア太平洋地域の平和と安定の確保によって得られる安全保障と繁栄といった「国際公共財」により焦点をおいた日米同盟への転換を示すものである。これらの実現によって保持される機能は、ハイ・ローエンドの分野における役割分担をより明確なものへと導き、「主体性と自主性」を向上させた、日米同盟の一層の深化が図れるのである。

---

[44]　ジル・ドゥルーズ『記号と事件：1972―1990年の対話』宮林寛訳、河出書房新社、2007年。
[45]　デイヴィッド・ヒューム『人間本性論〈第1巻〉知性について』木曾好能訳、法政大学出版局、1995年。
[46]　Kenneth Waltz, *Theory of International Politics*, McGraw-Hill, 1979.
[47]　Rupert Smith, *The Utility of Force: The Art of War in the Modern World*, New York: Vintage, 2008.

おわりに

大半が不確実な中でも、確実なことが2つある。1つは、知の力である。ミネルヴァの梟は迫り来る黄昏に飛び立つという。人や時代に陰りが生じ、行き詰まりが感じられる現在と将来。このようなときにこそ、知の結集が必要である。知が混迷を打ち破る。時代が新しく転換していく状況の中で、人間の英知が花開き、そこから新しい時代が切り開かれるのである。もう1つは、訓練が成功の鍵であるということである。技術だけでは、高度に訓練された能力の高い軍事力の代替にはならないことを歴史は教えてくれている[48]。今、最も必要なことは、速やかに知を結集して、「統合シーランド・アプローチ」構想のための具体的な組織化を進め、その体制と要領を確立し、平素から不断の訓練を行うことである。

---

[48] Stephen Biddle, "Victory Misunderstood: What the Gulf War Tells Us About the Future of Conflict," *International Security,* Vol. 21, No. 2, Fall 1996.

第9章　日本の防衛
―― 海洋安全保障からの3つの視点 ――

はじめに

　原子力空母 11 隻、原子力潜水艦 50 隻以上を有する世界最強の米海軍は、今大変革を進めている。それが、「武器分散（Distributed Lethality）コンセプト」[1] という、新たな戦い方である。米海軍は、2012 年 1 月に公表された「国防戦略指針（Defense Strategic Guidance）」[2] に基づき、アジア太平洋地域を重視するリバランスを進めているが、これまでの発想を超えた新たなテクノロジーを駆使した「武器分散コンセプト」の導入は、同地域における安全保障環境が予想以上に厳しいことを裏付けている。

　日本も平和安全法制の整備や新ガイドラインを策定し、日米による安全保障態勢は着実なグレードアップを実現している。しかしながら、日本の防衛に危機意識を実感している国民がどれほどいるかは大きな疑問であり、安全保障について公で活発に議論を展開する米国とのギャップがあることは否めない。

　本章では、海洋国家・日本を取り巻く海洋における差し迫った危機を整理し、アジア太平洋地域における米太平洋軍の最新の戦略動向の分析を通じて、海洋安全保障から日本の防衛について捉えなおす。

1）　下平拓哉「武器分散コンセプト」海上自衛幹部学校米海大ナウ！、http://www.mod.go.jp/msdf/navcol/navcol/2016/041.html。
2）　U.S. Department of Defense, *Sustaining U.S. Global Leadership: Priorities for 21st Century Defense,* January 2012.

第1節　日本に差し迫る危機

　日本周辺海域において、中国漁船による密漁が大きな問題となっている。2014年10月末、小笠原諸島から伊豆諸島周辺の日本の領海及び排他的経済水域（EEZ）内において、200隻を超える中国漁船が、赤サンゴを大量に密漁しているのが確認された[3]。赤サンゴは希少な宝石サンゴであり、中国周辺海域における密漁により資源が枯渇し価格が高騰したことにより、日本周辺に進出してきたと考えられるが、中国漁船の数の多さに海上保安庁巡視船による対応が厳しいものとなっている。

　また、中国漁船のみならず、中国漁船と行動をともにする中国公船（中国政府に所属する船舶）の活動が活発化していることも見逃せない。2016年8月5日から9日にかけて、尖閣諸島周辺海域において、約200～300隻の中国漁船が集結し、中国漁船に引き続き、中国公船が延べ28隻、領海侵入を繰り返した[4]。中国漁船と中国公船によるこのような大規模な活動は初めてのことである。

　日中合意を無視した活動も顕著である。中国は東シナ海の日中中間線付近において、ガス田開発を加速しており、これまで16基のガス田構造物が確認されている[5]。これは、2008年6月の日中共同開発合意を無視した活動であることのみならず、レーダーや監視カメラの設置等も確認されており、今後さらに拡張されれば、南シナ海のような軍事拠点化の可能性も否定できない。そして、2016年に11月には、移動式掘削船を使った新たなガス田開発も進めている。

　更に、日本周辺海域の上空における活動も活発化している。平成28年度の緊急発進回数は1168回であり、前年度と比べて295回増加し、1958年に

---

3) 「小笠原諸島周辺海域等における中国サンゴ船問題」外務省、2015年1月22日、http://www.mofa.go.jp/mofaj/a_o/c_m2/page3_001027.html。
4) 「平成28年8月上旬の中国公船及び中国漁船の活動状況について」海上保安庁、2016年10月18日、http://www.kaiho.mlit.go.jp/info/post-280.html。
5) 「中国による東シナ海での一方的資源開発の現状」外務省、2016年10月12日、http://www.mofa.go.jp/mofaj/area/china/higashi_shina/tachiba.html。

対領空侵犯措置を開始して以来、過去最多で、そのうち中国機に対しては851回、約73％を占めている[6]。また、活動が活発化しているのみならず、H-6型大型爆撃機、Y-8型中型輸送機・早期警戒機、TU-154型情報収集機といった機種が増えているとともに、東シナ海から太平洋へと、その活動範囲が拡大している。

そして、中国のみならず、北朝鮮の核・ミサイル開発も加速化している。北朝鮮は、核実験を繰り返しながら、弾道ミサイルの実験も重ね、2016年9月5日には、秋田沖の日本のEEZ内にほぼ同時に3発の弾道ミサイルを発射した[7]。また、北朝鮮によれば、水爆の核実験や潜水艦発射弾道ミサイル（SLBM）の発射にも成功している。

このような日本にとって死活的に重要な東シナ海における安全保障状況とともに目を離すことができないのが、日本のシーレーンが通過する南シナ海の状況である。中国は、国際規範を無視した主張を繰り返しつつ、一方的かつ強圧的な行動をとり続けている。米海軍は、同地域における自由なアクセスを確保するために、「航行の自由作戦」を継続しているが、特に、南沙諸島における中国の大規模な埋立てとインフラの整備がこれ以上進展すれば、中国の警戒監視能力、戦力投射能力等の作戦遂行能力が大幅に向上することが予想される。

南シナ海において活動している主体のうち、海上民兵の動向には注意を要する。中国の海上民兵は、中国海軍、中国海警局に次ぐ第3の海上部隊と言われており、世界最大規模で、中国人民解放軍の指揮下におかれている[8]。米海軍大学中国海事研究所のエリクソン（Andrew S. Erickson）教授が、「中国の海上民兵は、海洋権益を主張する上で非常に有効なツールである。」[9]

---

6) 「平成28年度の緊急発進実施状況について」統合幕僚監部、2017年4月13日、www.mod.go.jp/js/Press/press2017/press_pdf/p20170413_01.pdf。

7) 「北朝鮮の弾道ミサイル発射事案について」首相官邸、2016年9月5日、http://www.kantei.go.jp/jp/tyoukanpress/201609/5_p.html。

8) Andrew S. Erickson and Conor M. Kennedy, "Countering China's Third Sea Force: Unmask Maritime Militia before They're Used Again," *The National Interest*, July 6, 2016, http://nationalinterest.org/feature/countering-chinas-third-sea-force-unmask-maritime-militia-16860.

と評しているとおり、中国海軍、中国海警局、海上民兵による協力関係は一層高まり、なかでも海上民兵による警戒監視、情報提供、輸送等、平素からの役割がますます拡大してきていることは見逃せない。

第2節　米太平洋軍のインド・アジア・太平洋戦略

　このような日本に差し迫る危機に対して、米太平洋軍司令官のハリス（Harry B. Harris）大将は、2016年2月24日、下院軍事委員会の公聴会において、着任後初の態勢評価について証言した。米太平洋軍の管轄地域をインド・アジア・太平洋地域と表現し、同地域の安全保障環境に関する評価の骨子は次のとおりである[10]。

　第1に、インド・アジア・太平洋地域は戦略的に重要である。

　第2に、インド・アジア・太平洋地域において70年以上にわたって平和が保たれてきたのは、米国のプレゼンスと同盟関係とともに維持してきた規範である。

　第3に、インド・アジア・太平洋地域は、米国の通商、外交、安全保障にとって死活的に重要である。

　第4に、ここ数年、インド・アジア・太平洋地域の安定は危機に瀕している。中国は第2列島線までの東アジアを支配するために、南シナ海を戦略的最前線とみなし、新たな「グレート・ゲーム」をしようとしている。

　ハリス大将は、その他、北朝鮮の核実験とロシアの軍事力の近代化についても評価を下しているが、最も注目すべきは、インド・アジア・太平洋地域において、中国との新たな戦いが始まろうとしている危機意識である。

　より具体的には、ハリス大将は、その新たな戦いについて、「クロス・ドメイン・ウォーフェア（cross-domain warfare：領域横断戦）」という概念を提

9）　Andrew S. Erickson and Conor M. Kennedy, "What It Is and How to Deal With It," *Foreign Affairs,* June 23, 2016.

10）　"Statement of Admiral Harry B. Harris Jr., Navy Commander, U.S. Pacific Command Before the House Armed Services Committee on U.S. Pacific Command Posture," February 24, 2016, pp. 1-2.

唱し、「陸軍力によって、他のドメイン（領域）に対する戦力投射をする時代になった。これからは、ドメインを共有してシームレスな作戦をしなければならない。」[11]と、海軍と陸軍の協力関係を強調した。

　そして、米陸軍が、「マルチ・ドメイン・バトル（Multi-Domain Battle: 多領域戦）」[12]という新たな戦い方を模索していることも興味深い。これは、米陸軍訓練ドクトリン（TRADOC）司令部のデイビット・パーキンス（David Perkins）将軍らが提唱しているもので、現下のウクライナ情勢を踏まえ、軍事的手段と世論操作等の非軍事的手段を併せたハイブリッド戦争を視野に入れている。そこでは、作戦を行うドメインを限定すると敵に粉砕されるとの危機意識から、電子戦、無人機、自律システム等を結合した、より統合度を高めた作戦を模索し、そのために複数のドメインを使用するという考えである。

　米海軍による新たな戦い方を裏付ける米海軍トップの発言が、より具体的な方向性を示している。2016年10月、米海軍作戦部長のリチャードソン（John Richardson）大将は、もはや接近阻止・領域拒否（Anti-Access/Area Denial: A2/AD）という用語は使用しないことを表明した。その理由として、A2/ADには明確な定義はないため様々に解釈され、また特段新しい現象でもなく、あたかも「拒否」という言葉が既成事実のような印象を与えてしまうからだと説明している。そして、「米海軍は、言葉ではなく、行動しなければならない。」「複雑さを増す世界において海上優勢を維持することに集中し、そのためには、優れたチームによって、より良く考え、より早く学び、最適な兵力を作り上げなければならない。」[13]と結論付けている。

---

11) Wyatt Olson, "PACOM chief urges Pacific Army to master cross-domain warfare," *Stars and Stripes,* May 26, 2016, http://www.stripes.com/news/pacific/pacom-chief-urges-pacific-army-to-master-cross-domain-warfare-1.411491.

12) Megan Eckstein, " 'Multi-Domain Battle' Concepts To Increase Integration Across Services, Domains," *The U.S. Naval Institutes News,* October 4, 2016, https://news.usni.org/2016/10/04/multi-domain-battle-concept-increase-integration-across-services-domains.

13) John Richardson, "Chief of Naval Operations Adm. John Richardson: Deconstructing A2AD," *The National Interest,* October 3, 2016, http://nationalinterest.org/feature/chief-

米海軍において、その最適の兵力を構成するための新たな戦い方の中心にあるのが、「武器分散コンセプト」である。これまで海を制してきた米海軍が、台頭著しい中国の A2/AD 能力によって大きな挑戦を受けつつあり、かつ厳しい予算の制約下にあって、中国の数に対抗することは非常に難しいため、発想の転換が強く求められ、米太平洋艦隊水上部隊司令官のロウデン（Thomas Rowden）中将らが発表したものである[14]。全ての水上艦艇に攻撃能力を付与させ、各艦を分散させ、そして、任務に応じて必要時に最適な兵力を構成するのである。

　米海軍の任務を達成するためには、最適な兵力により、相手により多くのコストを強要し、我を有利に導くことが必要であり、そのためには、ハードとソフトの両面について考えなければならない。新たな戦い方におけるハード面では新たな長射程ミサイルの開発が進められ、そしてソフト面では、2015 年 6 月 30 日、艦隊の戦闘能力向上のための「海軍水上戦開発センター（Naval Surface and Mine Warfighting Development Center: SMWDC）を新設し、新たな戦術を練っている[15]。

　このように米海軍は、世界中どこにおいても、自由なアクセスを確保するために、すべてのドメインを利用した作戦を重要視するようになってきている。そして、海上における優勢を維持し、作戦を優位に導くためには、海において陸軍力を活用することによって、より統合作戦能力を高めることを提起しているのが最大の特徴である。

---

　　naval-operations-adm-john-richardson-deconstructing-17918.
14)　Thomas Rowden, Peter Gumataotao, and Peter Fanta, "Distributed Lethality," *Proceedings,* Vol. 141/1/1, 343, January, 2015, http://www.usni.org/magazines/proceedings/2015-01/distributed-lethality.
15)　Dave Majumdar, "The U.S. Navy Just Gave Us the Inside Scoop on the 'Distributed Lethality' Concept," *The National Interest,* October 25, 2016, http://nationalinterest.org/blog/the-buzz/the-us-navy-just-gave-us-the-inside-scoop-the-distributed-18185.

第 3 節　現在、将来、フロム・ザ・ランド

　日本における海洋安全保障に関する基本的な考え方については、「国家安全保障戦略」において、「『開かれ安定した海洋』の維持・発展に向け主導的な役割を発揮」「シーレーンにおける様々な脅威に対して必要な措置を取る。」[16] と示されている。

　また、「海洋基本計画」によれば、海洋の安全を確保するため、広域な常時監視体制の強化や艦船等の計画的な整備、自衛隊と海上保安庁との連携体制の強化などが示されている[17]。

　そして、『平成28年度防衛白書』によれば、海洋安全保障の確保に向けた防衛省・自衛隊の取組として、「『開かれ安定した海洋』の秩序を維持し、海上交通の安全を確保するため、海賊対処行動を実施するほか、同盟国などとより緊密に協力し、沿岸国自身の能力向上を支援するとともに、様々な機会を利用した共同訓練・演習の充実などの各種取組を推進している。」[18] と記されている。

　このような日本の海洋安全保障に関する考え方について、現下の厳しい安全保障環境を踏まえて、様々な提言がなされている。その代表的なものとしては、世界平和研究所や東京財団、海洋政策研究財団等のものがある[19]。

　ここで、インド・アジア・太平洋地域における米太平洋軍及び米海軍の海洋安全保障認識と日本の海洋安全保障認識について比較してみると、共通する点として、脅威認識、安全保障観、そして同盟国やパートナーシップ国との協力関係の重要性を挙げることができる。

　しかしその一方で、米国にあって日本にない明確な相違点は、次の3つに

---

16) 内閣官房「国家安全保障戦略」2013年12月17日、14頁。
17) 閣議決定「海洋基本計画」2013年4月、25、26頁。
18) 防衛省『平成28年度防衛白書』296頁。
19) 世界平和研究所『海上における危機管理―現場からの緊急提言―』2016年10月、東京財団『海洋安全保障と平時の自衛権―安全保障戦略と次期防衛大綱への提言―』2013年11月、海洋政策研究財団『混沌の東アジア海洋圏―新たな海洋秩序構築に向けて―』2013年3月。

まとめることができる。

　第1に、現在の戦い方の議論が深められていない。言い換えれば、「国家安全保障戦略」を受けての統合作戦レベルでの戦い方である。米国防総省は、「国際公共財におけるアクセスと機動のための統合構想（Joint Concept for Access and Maneuver in the Global Commons: JAM-GC）」を明らかにし、すべてのドメインにおいて統合兵力がどのように作戦するのか、その戦い方について図上演習等を通じて、繰り返し議論されている[20]。

　第2に、将来の戦い方の議論が深められていない。言い換えれば、「武器分散コンセプト」の日本版である。たとえ今戦って、勝つことができるとしても、それは決して将来を保証するものではない。現在のバランスを超えた将来の可能性を踏まえた、不利な将来を想定した戦い方についても議論を深め準備する必要がある。

　第3に、海を支配するための陸軍力最大活用の議論が深められていない。確かに、日本の防衛に係る統合作戦上重要な強靭な陸上自衛隊の創造のために、周辺海空域における安全確保や島嶼部に対する攻撃への対応等が着実に進められている。しかしながら、依然控え目で、そこには米陸海軍が想定しているような陸軍力による海の支配にまで及ぶものとはなっていない。

　日本の防衛について海洋安全保障に視点をおくと、これらは今後早急に議論を深めなければならないものであろう。

おわりに

　米海軍の頭脳である米海軍大学には、戦争と戦争に係る政策、及び戦争予防に関するあらゆる問題を研究する海戦研究センター（Center for Naval Warfare Studies: CNWS）があり、その前センター長であったルーベル（Robert C. Rubel）氏によれば、「平素からプレゼンスを維持することと、高度の軍事態勢を維持することは、しばしば対立してきたが、今後ますますこの両者の

---

[20]　下平拓哉「JAM-GC構想の本質と将来―グローバル・ウォーゲームの分析を参考に―」『東亜』第580号、2015年10月、72-81頁。

バランスをとることが重要になってきている。」[21]と指摘している。

「国家安全保障戦略」を踏まえて初めて策定された「平成26年度以降に係る防衛計画の大綱」には、「統合機動防衛力」を構築することされている。「統合機動防衛力」には、平時、グレーゾーン、有事のいかなる事態に対応することが求められ、そのためには、最適な兵力を組み合わせ、すべてのドメインを有効活用することが必要である。そして、これからの日本の防衛に必要な新たな視点は、海洋において、いかに陸軍力を有効活用するか、言い換えれば陸軍力による海の支配、「陸から海へ（From the Land）」の時代に入ったことを認識することである[22]。

---

[21] Robert C. Rubel, "Posture Versus Presence: The Relationship between Global Naval Engagement and Naval War-Fighting Posture," *Naval War College Review,* Vol. 69. No. 4, Autumn 2016, pp. 19-30.

[22] 下平拓哉「日米同盟の転換点―統合シーランド・アプローチ構想と日米同盟の深化」『海外事情』第60巻第7・8号、2012年7月。日本の防衛上、海軍力と陸軍力の重要性を主張した。

第 10 章　日本の防衛力強化と役割の拡大
——専守防衛にまず必要なもの——

はじめに

　2017 年 2 月 12 日、北朝鮮は世界が注目するトランプ米政権発足後初の日米首脳会談直後に合わせて、新型の弾道ミサイル発射実験を行った[1]。2017 年 2 月 22 日、中国は南シナ海・スプラトリー諸島で造成中の人工島において、長距離地対空ミサイルを配備できる 20 を超える構造物の建築がほぼ完了した模様であり、ティラーソン（Rex Tillerson）米国務長官は、ロシアのクリミア侵攻に匹敵するものと警戒を強めている[2]。2016 年 3 月には、パラセル諸島のウッディー島において、射程 400km を超える地対艦ミサイル YJ-62 も配備されていることから[3]、今後、南シナ海の軍事拠点化がますます加速されるものと思われる。

　これらの行動は、日本を取り巻く安全保障環境がより一層厳しくなりつつあることを示している。それは、北朝鮮の核・弾道ミサイル能力も中国の接近阻止・領域拒否（Anti-Access/Area Denial: A2/AD）能力も、時間の経過とともに確実に向上しており、いつでもその能力を発揮できる意思があることを意味している。

　2017 年 2 月 15 日、安倍首相は、参院本会議において、日米首脳会談の成果を踏まえ、「南西地域の防衛体制や弾道ミサイル防衛能力の強化に加え、宇宙、サイバーといった新たな分野でこれまで以上の役割を果たす。」[4] と

---

1 ）　首相官邸「北朝鮮による弾道ミサイル発射事案について（1）」2017 年 2 月 12 日。
2 ）　"Exclusive: China finishing South China Sea buildings that could house missiles - U.S. officials," *Reuters*, February 22, 2017.
3 ）　"Imagery suggests China has deployed YJ-62 anti-ship missiles to Woody Island," *IHS Jane's Defence Weekly*, March 23, 2016, http://www.janes.com/article/59003/imagery-suggests-china-has-deployed-yj-62-anti-ship-missiles-to-woody-island.

述べ、防衛力の強化と役割の拡大の方針を明らかにした。安倍首相が言明する防衛力の強化と役割の拡大は、今後どのように具体的に進めていくべきであろうか。

2013年12月17日に閣議決定された日本初の「国家安全保障戦略」によれば、国家安全保障の第1の目標に、「我が国の平和と安全を維持し、その存立を全うするために、必要な抑止力を強化し、我が国に直接脅威が及ぶことを防止するとともに、万が一脅威が及ぶ場合には、これを排除し、かつ被害を最小化すること。」[5]と規定されている。国家安全保障の基本理念に掲げている「専守防衛」に徹し、この国家目標を達成するためには、具体的に今何が欠けているかを明らかにすることが急務である。

本章は、アジア太平洋地域における安全保障環境がどのように変化しているかを踏まえ、「防衛計画の大綱」に基づき日本が進めている「統合機動防衛力」と現行の「日米防衛協力のための指針（ガイドライン）」に対する分析を加えることによって、今後の日本の防衛について捉えなおすものである。

第1節　アジア太平洋地域における安全保障上の脅威のトレンド

まず、「国家安全保障戦略」が閣議決定された2013年末当時と現在の安全保障環境の相違を踏まえることが必要である。

それは、第1に北朝鮮による核・弾道ミサイル能力が確実に向上していることである。特に2017年2月12日、北朝鮮が日本海に向けて発射した新型の中距離弾道ミサイル（IRBM）「北極星2型」はいくつかの興味深い特徴を有している。このミサイルは、2016年8月に発射した潜水艦発射弾道ミサイル（SLBM）を進化させたもので、核弾頭搭載可能で、固体燃料を採用し、さらに発射台付き車両（TEL）を使用したと言われている。これらが事実なら、即時発射が可能であり、発射兆候の事前察知はますます困難となりう

---

4)　『毎日新聞』2017年2月15日。
5)　内閣官房「国家安全保障戦略」2013年12月17日。

る。ハーバード・スミソニアン天体物理学センターのマクダウェル（Jonathan McDowell）博士によれば、北朝鮮のミサイル技術は格段の進歩を遂げていると主張している[6]。

最近の北朝鮮の核・弾道ミサイルを巡る動きを見てみると、2016年には1月6日に4回目と9月9日にこれまでの最大規模の爆発である5回目の核実験を行い、長距離弾道ミサイル「テポドン2派生型」、中距離弾道ミサイル「ムスダン」、潜水艦発射弾道ミサイル、中距離弾道ミサイル「ノドン」と様々な種類の弾道ミサイルの実験を行う頻度が高くなってきている。日本にとって最大の脅威と言える「ノドン」は、日本のほぼ全域をその射程1300km内に収め、また「ムスダン」や潜水艦発射弾道ミサイルは、迎撃がより困難となる発射角度を上げたロフテッド軌道による実験も行われている。さらに、非常に高度な技術が必要とされる潜水艦発射弾道ミサイルの実験も進めており、2016年8月24日の実験においては、約500km飛翔させ、日本の防空識別圏内の海上に落下し[7]、現在の日本の弾道ミサイル迎撃能力のみでは非常に対応が厳しい状況となってきている。

これらの北朝鮮による核・弾道ミサイル実験があるたびに、国際社会は国連を中心とした制裁を繰り返してきたが、これほど頻繁に実験が繰り返されていることから、ほとんど抑止効果はなかったと言えるのが現実である。つまり、北朝鮮の核・弾道ミサイルの実用化は時間の問題なのであり、まさに目の前に現実の危機が迫っているのである。

第2に、中国人民解放軍の装備が大きな進展を遂げていることである。それは、特にミサイル能力と海上作戦能力の向上が顕著である。2016年5月、米国防総省が毎年連邦議会に提出している『中国の軍事力に関する年次報告書（Annual Report to Congress: Military and Security Development Involving the People's Republic of China 2016）』によれば、2015年に中国は「新たな段階に

---

[6] "New nuclear-capable missile test a success, North Korea says," *Reuters*, February 13, 2017.
[7] 防衛省「2016年の北朝鮮による核実験・ミサイル発射について」2016年11月9日、www.mod.go.jp/j/approach/.../pdf/dprk_bm_20161109.pdf

入った」とし、それは統合作戦能力を向上させ、中国本土から離れた短期の高烈度地域紛争に勝利する能力を高めており、特に地域紛争においては巡航ミサイルと弾道ミサイルの能力が最重要であると指摘している[8]。特に、前年2015年版と比較して新たな分析が加わったものとしては、ロケット軍、陸軍指導機構、戦略支援部隊の新設といった軍事改革、南シナ海における埋め立ての急速な進展状況等である。このなかでも、特にミサイル能力の向上について新たな紙面を割いていることは注目すべきことである。具体的には、弾道ミサイルを補完するものとしての対地巡航ミサイル（LACM）CJ-10や、初の戦域における核精密攻撃能力を有する中距離弾道ミサイルDF-26、そして大陸間弾道ミサイル（ICBM）の保有数が前年比倍増した約75～100発となっている等である[9]。さらに新型ICBMであるDF-41は、多弾頭で、鉄道発射方式も計画されており、かつ直接ワシントンD.C.を射程内に収める最強のミサイルと言われており[10]、中国のミサイル能力の向上は顕著である。

次に、海上作戦能力については、空母部隊の機動運用である。2016年12月25日、中国海軍の空母「遼寧」がルーンヤンⅢ級ミサイル駆逐艦、ジャンカイⅡ級フリゲート艦など5隻とともに艦隊を組んで、宮古海峡を抜けて西太平洋に展開した[11]。中国空母による沖縄、台湾、フィリピンを結ぶ第1列島線を越えた太平洋への航行が伝えられるのは初めてであり、渤海北東部において、空母「遼寧」艦載のJ-15戦闘機を含む初の射撃訓練を実施した後、宮古海峡、台湾東側を通過して、ルソン海峡から南シナ海に入っている[12]。また、中国は初の国産空母を2020年にも就役させ、さらに4隻を加えて合計6隻を運用するものと見積もられている[13]。様々な問題を指摘さ

---

8) Office of the Secretary of Defense, *Annual Report to Congress: Military and Security Development Involving the People's Republic of China 2016,* April 26, 2016, pp. i–ii.
9) Ibid., p. 25, 38, 67, 72.
10) Lyle J. Goldstein, "China Rattles the Nuclear Saber," *The National Interest,* February 22, 2017, http://nationalinterest.org/feature/china-rattles-the-nuclear-saber-19536.
11) 『共同通信』2016年12月25日。
12) "China's aircraft carrier to drill in Western Pacific," *Reuters,* December 25, 2016.
13) Dave Majumdar, "China's Second Aircraft Carrier Is Almost Complete (And 4 More

れながらも、中国の空母部隊は、着実にその作戦能力を向上させており、いつでも軍事力を行使できる能力と意思があることを示唆している。

これらの中国のミサイル能力と海上作戦能力の向上は、米国型の統合作戦を指向しているものと思われる。2016年4月20日、習近平国家主席は、中央軍事委員会統合作戦指揮センターを訪問し、「統合作戦指揮センターを完備することは、国防・軍隊改革を深化させる重要な内容であり、中央軍事委員会の戦略指揮機能を強化する重要な措置である。」[14]と発言し、統合作戦能力の重要性を強調している。

また、863計画（国家高技術研究発展計画）に象徴されるように、中国の研究開発は最先端を進んでおり、人工知能（AI）の領域においても大きな潜在力を有してことも忘れてはいけない。今後中国は、群がる無人機（UAV）や軍民融合などにより軍事力を一層向上させ、今日の「情報化（informationized）」から「智能化（intelligentized）」といった新たな戦い方となるとも予測されている[15]。

2015年5月に発表された中国の国防白書において、習近平国家主席は、積極防御戦略の方針の中で「軍事闘争の準備」を強く打ち出し、南シナ海における紛争などを念頭においた「海上軍事闘争への準備」を初めて明記したが[16]、中国人民解放軍はミサイル能力と海上作戦能力を著しく向上させた、近代化を進めた新たな姿へと明らかに変容してきているのである。

第2節　防衛力の強化

日本の防衛力は、2013年の「国家安全保障戦略」を踏まえた「防衛計画

Could be Coming)," *The National Interest,* February 22, 2017, http://nationalinterest.org/blog/the-buzz/chinas-second-aircraft-carrier-almost-complete-4-more-could-19542.
14）　『解放軍報』2016年4月21日。
15）　Elsa Kania, "China May Soon Surpass America on the Artificial Intelligence Battlefield," *The National Interest,* February 21, 2017, http://nationalinterest.org/feature/china-may-soon-surpass-america-the-artificial-intelligence-1952.
16）　国務院新聞弁公室『中国的軍事戦略』2015年5月。

の大綱」により、「幅広い後方支援基盤の確立に配意しつつ、高度な技術力と情報・指揮通信能力に支えられ、ハード及びソフト両面における即応性、持続性、強靱性及び連接性も重視した統合機動防衛力を構築する。」[17]と表明している。

「中期防衛力整備計画」（平成 26 年度～平成 30 年度）では、安全保障環境の変化を踏まえ、南西地域の防衛態勢の強化を始め、実効性の高い統合的な防衛力を効率的に整備する方針が掲げられている。この計画には、陸上総隊と水陸機動団の新編、それに伴う機動戦闘車、水陸両用車、ティルト・ローター機（オスプレイ）が導入されるほか、常続監視能力の向上、潜水艦 22 隻体制への増勢、戦闘機 F-35A、新早期警戒管制機、滞空型無人機の導入等が進められている。

2013 年と今の安全保障環境の変化、とりわけ北朝鮮と中国のミサイル能力の向上を踏まえれば、「専守防衛」の観点からも、日本の弾道ミサイル防衛システムの強化が急務である。なぜならば、彼我の相対戦闘力の比較は、安全保障上最も重要かつ基本的な手順であるが、仮に 2013 年時点で日本に優位性があったとしても、相手の能力向上を冷厳に判断して迅速な対応を進める不断の努力がなければ、国家にとって死活的な問題に帰することになることを忘れてはならない。

現在の弾道ミサイル防衛システムは、イージス艦の迎撃ミサイル SM-3 による上層（中間段階）での迎撃とパトリオット PAC-3 による下層（終末段階）での迎撃を自動警戒管制システム（Japan Aerospace Defense Ground Environment: JADGE）により連携させて効果的に行う「多層防衛」を基本としており、併せて日米共同開発による迎撃ミサイルの能力向上も図られているが、この「多層防衛」を強化する検討を加速すべきである。

第 1 に、弾道ミサイル対応手段の更なる強化である。例えば、イージス・アショア（Aegis Ashore）や THAAD（Terminal High Altitude Area Defense missile: 終末高高度防衛ミサイル）も有力な手段になると思われる。イージ

---

[17] 内閣官房「平成 26 年度以降に係る防衛計画の大綱」2013 年 12 月 17 日。

ス・アショアとは、中間段階におけるイージス艦と SM-3 の数及びその展開には限界があり、かつ終末段階におけるパトリオット PAC-3 の射程も短く迎撃可能範囲が小さいという問題があるため、イージス艦とパトリオット PAC-3 を補完する迎撃システムである。まず、中間段階においては、陸上型イージスと言われるイージス・アショアが、イージス艦を補完するものとして期待できる。2016 年 5 月、米軍はルーマニアにおいてイージス・アショアの運用を開始し、NATO 弾道ミサイル防衛システムの中核となっている。これは、イージス艦のシステムをそのまま陸上に設置するもので、イージス艦と同様の能力を有し、常時迎撃態勢を維持できる利点がある。また、THAAD は、車載移動式の迎撃システムであり、パトリオット PAC-3 よりも高高度、成層圏よりも上で目標を迎撃することができ、終末段階におけるパトリオット PAC-3 を補完するものとして期待できる。

第 2 に、情報収集能力の強化である。例えば、X バンドレーダーの増加配備についても検討を進めるべきであろう。現在、在日米軍が青森県車力と京都府経ヶ岬に X バンドレーダーを配備しているが、それらは主として北朝鮮が日本海側にミサイルを発射した場合に対応可能なものである。今後中国のミサイル発射の方向も踏まえ、九州もしくは沖縄へ X バンドレーダーを配備することや海上配備 X バンドレーダーの導入も検討すべきである。

第 3 に、ネットワークの強化である。例えば、NIFC-CA（Naval Integrated Fire Control-Counter Air: 海軍統合火器管制対空）の導入も有力な手段になると思われる。これは、中国が進める A2/AD 能力、とりわけ陸上や空母部隊から発射される巡航ミサイルに対処するために非常に有効である。米海軍の新型防空システムである NIFC-CA は、イージス艦と E-2D や AWACS といった早期警戒機等の航空機、地上レーダーのネットワークを強化させることにより、レーダー見通し線外の目標をリアルタイムで共有し脅威に対処するものである。この NIFC-CA の広域センサーとして、戦闘機 F-35B を取り込むことも試みられており、より広範囲な戦域における状況認識能力の向上のみならず、海軍部隊としての攻撃能力の拡大も期待できる[18]。

第 3 節　役割の拡大

　2015 年 4 月 27 日に了承された「日米防衛協力のための指針（ガイドライン）」においては、平時から緊急事態までのいかなる状況においても日本の平和及び安全を確保するため、また、アジア太平洋地域及びこれを越えた地域が安定し、平和で繁栄したものとなるよう、日米両国間の安全保障及び防衛協力における強調事項として、「切れ目のない、力強い、柔軟かつ実効的な日米共同の対応」「日米同盟のグローバルな性質」「地域及び他のパートナー並びに国際機関との協力」「日米両政府の国家安全保障政策間の相乗効果」「政府一体となっての同盟としての取り組み」を掲げている[19]。

　そして、2015 年 11 月 3 日、防衛協力小委員会（SDC）として、同盟調整メカニズム（ACM）と共同計画策定メカニズム（BPM）が設置され、日米同盟の抑止力と対処力を一層強化することが確認された[20]。そして、ACM は、自衛隊と米軍の活動に関する政策面の調整を担う「同盟調整グループ（ACG）」、運用面の調整を行う「共同運用調整所（BOCC）」、各軍種レベルが調整する「各自衛隊及び米軍各軍間の調整所（CCCs）」で構成され、北朝鮮による弾道ミサイルの発射実験や東日本大震災のような大規模災害、武力攻撃に至らないグレーゾーン事態など、いかなる事態に対応できるようになっている。

　厳しさを増す安全保障環境を踏まえ、自衛隊と米軍の役割分担を見直し、更なる連携強化を図ることによる日米同盟の抑止力と対処力の強化は着実に進展しているが、今後、より実効性を高めていくための検討を加速すべきである。

　第 1 に、指揮統制機能の強化である。例えば、常設統合司令部の設置についても検討を進めるべきであろう。日米共同計画の策定は、日米同盟の抑止

---

[18] "Navy Conducts First Live Fire NIFC-CA Test with F-35," Naval Sea Systems Command, September 13, 2016, http://www.navy.mil/submit/display.asp?story_id=96652.
[19] 防衛省「日米防衛協力のための指針」2015 年 4 月 27 日。
[20] 防衛省「同盟調整メカニズム（ACM）及び共同計画策定メカニズム（BPM）の策定について」2015 年 11 月 3 日。

力と対処力を高める上で必須のものであるが、現在のACMは調整レベルにとどまっているため、より実効性を高めるためには、実際の訓練・演習を通じて検証を重ねることが必要である。その内容は、指揮系統や部隊編成、作戦要領、情報交換要領等広範に及ぶことから、常設の統合司令部を設置し、自衛隊の統合作戦能力を最大発揮させるための態勢の最適化を常に図りつつ、併せて日米共同作戦能力を向上させるための日本の具体的な行動を提起していくべきである。

　第2に、地域安全保障の強化である。例えば、より一層の人的貢献についても検討を進めるべきであろう。日本が、国際協調主義に基づく「積極的平和主義」の立場から、主としてアジア太平洋地域における平和と安定に積極的に寄与していくためには、部隊派遣よりも人的派遣を重視し、広範な安全保障分野における人的貢献を促進させるべきである。例えば、主要な軍事学校や軍司令部、そして同地域に展開する米艦艇等への自衛官の派遣は、相互運用性を高めるだけではなく、日本の国際的貢献を目に見える形で示すことができるものである[21]。

　第3に、作戦に係る日米共同研究の促進である。いくら崇高な戦略を作り上げても、戦域レベルの作戦の成功なくしてその戦略目的を達成することはできない。また、歴史は戦術的成功のみでは、必ずしも戦域レベルの作戦の成功は得られないことを示している。したがって、現前の脅威に対していかに戦うか、具体的な戦い方の研究なくして、真の安全保障上の問題は浮き上がらないのである。そのためには、シミュレーション等を活用した作戦に係る日米共同研究において日本が役割を果していくべきである。

おわりに

　かつて、江畑謙介は、『日本に足りない軍事力』のなかで、「弾道・巡航ミサイル防衛」「長距離攻撃力」「空対地精密攻撃力」「パワー・プロジェクシ

---

[21] Takuya Shimodaira, "Embark JMSDF Officer On U.S. Ships," *Proceedings,* Vol. 143/3/1, 369, March 2017, p. 10.

ョン能力」「宇宙戦・サイバー戦」の5つの視点から、海外主要国の装備を紹介しながら自衛隊の装備を分析している。そしてその中において、日本の防衛力の問題点を明らかにした[22]。江畑も指摘しているように安全保障とは、政治的、経済的、技術的制約のなかで、脅威を予測し、常に備えていくものであり、不安を伴いつつも楽観は厳禁で、不断の見直し努力が不可欠である。

　2017年2月12日の北朝鮮によるミサイル発射に際し、安倍首相は、速やかに強い抗議声明を発表し、同席したトランプ米大統領は、「米国は日本と100％ともにある。」と強固な日米同盟を印象付けたことは重要である[23]。北朝鮮と中国のミサイル能力の向上は目の前にある現実であり、机上の計画だけでは危機の際に日本を守る武器とはなり得ず、いつでも実効性のある行動を採れることこそが真の防衛力である。そして、アジア太平洋地域の平和と安定のために、必要に応じてその防衛力を行使する能力と意思があることを内外に示すことが、国際社会と同盟国、そして日本国民からの信頼を勝ち得る道である。

---

[22]　江畑謙介『日本に足りない軍事力』青春出版社、2008年。
[23]　首相官邸「北朝鮮による弾道ミサイル発射事案を受けた日米共同記者発表」2017年2月11日。

あとがき

　『日本の安全保障―海洋安全保障と地域安全保障―』は、日本防衛の最前線を担う海上自衛官の筆者が、この数年間にわたって発表してきた現場の視点からの日本の防衛に係る持論をまとめたものである。

　インド太平洋地域における安全保障環境がますます厳しくなるなか、国際協調主義に基づく「積極的平和主義」を掲げる日本の役割は高まるばかりである。そこでは、冷静に過去を見つめつつ、冷厳に現実に対応し、そして近い将来への備えを確実に実施していく必要がある。四面を海に囲まれた日本は、海を使って国を守ることが必要であり、これまでのような受動的な姿勢ではすでに取り返しがつかなくなるほど時の流れは早く、「この国の守り方」を常に頭に巡らせ、行動に起こすことが重要となってきている。

　本書をまとめるに際し、重複をつとめて削り、最新の安全保障状況を踏まえた上で、必要な加筆改稿をしているが、根本的な捉え方は変わっていない。

　初出は次のとおりである。関係者に御礼申し上げたい。

第1章　「冷戦後における米海軍の戦略―20年にわたる関与の実態―」『安全保障と危機管理』Vol. 32、2015年5月。

第2章　「JAM-GC構想の本質と将来―グローバル・ウォーゲームの分析を参考に―」『東亜』第580号、2015年10月。

第3章　「米海軍大学から見たアジア太平洋地域の危機―日米同盟の意義と日本の新たな役割―」『危機管理研究』第23号、2015年3月。

第4章　「中国の海洋戦略と海上自衛隊の役割―非伝統的安全保障分野における挑戦―」『危機管理研究』第22号、2014年3月。

第5章　「多国間協力時代の海上自衛隊―非伝統的安全保障分野を中心に―」『海外事情』第61巻第3号、2013年3月。

第6章　「南シナ海における日本の新たな関与戦略─HA/DRへのVDRアプローチ─」『戦略研究』第11号、2012年。

第7章　「日米同盟の深化と海上自衛隊─協調と拒否による創造的関与戦略─」『日本戦略研究フォーラム季報』第70号、2016年10月。

第8章　「日米同盟の転換点─統合シーランド・アプローチ構想と日米同盟の深化─」『海外事情』第60巻第7・8号、2012年7月。

第9章　「日本の防衛─海洋安全保障からの3つの視点─」『日本戦略研究フォーラム季報』第71号、2017年1月。

第10章　「日本の防衛力強化と役割の拡大」『日本戦略研究フォーラム季報』第72号、2017年4月。

　本書の出版にあたって、これまで多くの方々のご指導、ご鞭撻をあずかり、ここに感謝の気持ちを表したい。特に、恩師である国士舘大学大学院の池田十吾教授には、研究のあり方をはじめ政治、外交、歴史、日米関係といった広範なテーマから細部にわたるご指導を頂き、また小生の勤務に支障のない週末にはいつも貴重な研究時間を割いて下さり、心より厚く御礼申し上げます。また、日本戦略研究フォーラムの屋山太郎会長及び長野禮子理事には、研究会等を通じ多大なご支援ご協力を賜り、深く御礼申し上げます。

　最後に私事にわたるが、日頃の研究の積み重ねに理解を示し、ともに研鑽した妻統美と息子統英に感謝したい。

2018年3月1日

海浜幕張の自宅書斎にて

下　平　拓　哉

著者紹介

下平 拓哉（しもだいら　たくや）

1989年	防衛大学校（電気工学）卒業
2000年	筑波大学大学院地域研究研究科修士課程修了（地域研究学修士）
2007年	アジア太平洋安全保障センター（APCSS）エグゼクティブ・コース修了
2009年	国士舘大学大学院政治学研究科博士課程修了（政治学博士）
2014年	米海軍大学客員教授（統合軍事作戦：JMO）
2016年より	防衛省防衛研究所主任研究官

日本の安全保障
──海洋安全保障と地域安全保障──

2018年3月20日　初　版第1刷発行

著　者　　下平拓哉
発行者　　阿部成一

〒162-0041　東京都新宿区早稲田鶴巻町514番地
発行所　　株式会社　成文堂
電話 03(3203)9201　FAX 03(3203)9206
http://www.seibundoh.co.jp

印刷・製版・製本　シナノ印刷

© 2018　Takuya Shimodaira　　Printed in Japan

☆落丁本・乱丁本はおとりかえいたします☆

ISBN978-4-7923-3372-0　C3031　　検印省略

定価（本体2000円＋税）